好好吃菜

著者 （日）高木初江
监修 （日）大庭英子
译者 胡环

青岛出版社
QINGDAO PUBLISHING HOUSE

序言

变身料理达人的三要素

本书从 NHK《今日的料理新手》美食节目及相关期刊介绍过的料理中精选出 126 道超高人气的美味佳肴，配以详细的图文解说，不仅充分展现了每一种蔬菜的独特魅力，而且简单易做。

首先，我们要牢记做出美味料理的三要素。

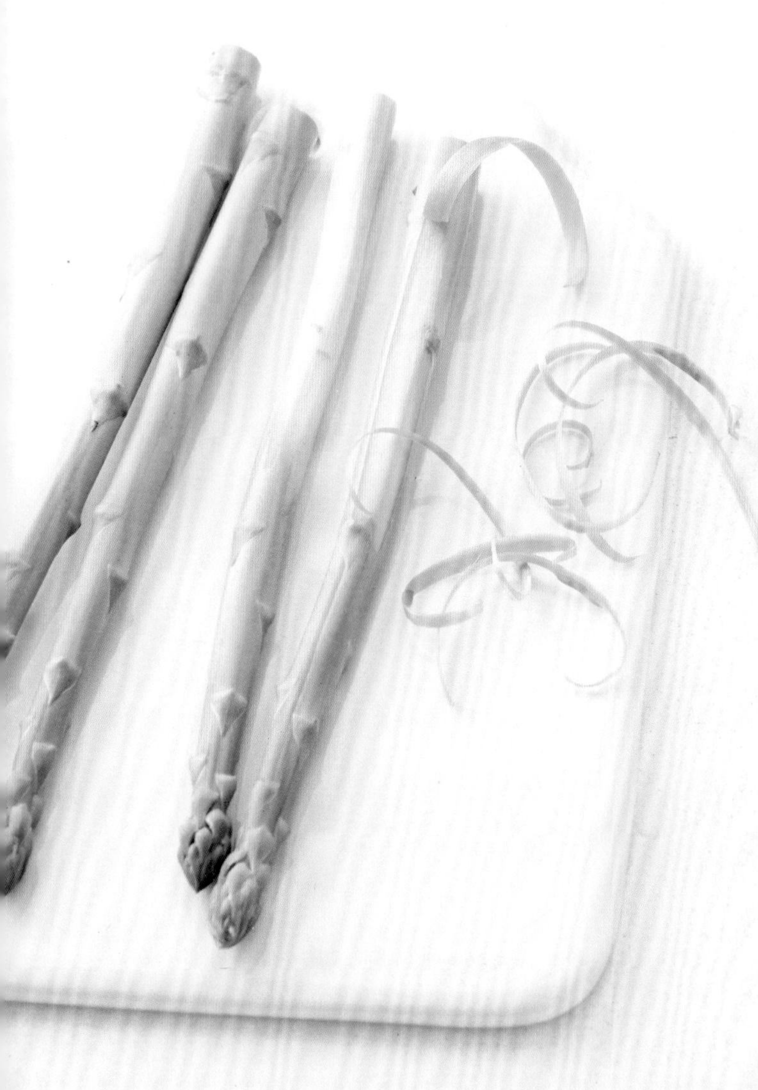

① 蔬菜要保证新鲜

新鲜的蔬菜会散发出自然的香味，受热均匀易熟，而且吃起来有嚼头儿，口感纯正。反之，如果蔬菜不新鲜，即便用热水焯过，依然口感粗糙，那么用它就不可能做出美味的菜肴。食材越新鲜，越容易料理，才能实现色、香、味的完美统一。建议大家亲自去市场上挑选新鲜的蔬菜。关于蔬菜的挑选和保存诀窍，请参看本书 p.14 的详细介绍。

2 切菜要讲究刀法

切菜的刀法会影响到蔬菜最终的味道。例如，同样是卷心菜，如果切成大块直接下水煮，则变得软塌塌的，自身的清甜也会慢慢消失殆尽。如果切成细丝做成沙拉，则清脆可口。所以可以说切菜的刀法决定了烹饪的难易和味道。那么，就按照本书的讲解从基本开始练习吧！基本刀法请参看p.100 本书的第二部分——学会切菜。

3 反复实践

蔬菜的种类繁多，而且每种蔬菜又有各自不同的预处理方法和烹饪技巧，所以大家不能急于求成，不要想着一下子掌握所有蔬菜的料理方法，就从自己喜欢的蔬菜开始做起吧！如手边正好有芦笋，那么可以尝试做一道简便易做的煎芦笋。通过观察颜色和味道的变化，慢慢摸索出火候的把控，判断是否煎得恰到好处，等等。然后可以再进一步学着如何做芦笋炒肉或者进行其他的调味烹制。这样，在反复的实践中逐步掌握不同蔬菜的烹饪技巧，不断做出各种拿手菜。

好好吃菜

本书使用须知

《 计量工具和炊具 》

●本书使用的计量器具的规格，1 量杯为 200ml，1 大匙为 15ml，1 小匙为 5ml。

●本书使用的锅的直径通常是 20~22cm，小锅的直径为 16~18cm，大锅的直径约为 24cm。

●本书使用表面经过特殊不粘处理的平底锅，普通规格的直径约为 24~26cm，小平底锅的直径为 18~20cm。

《 料汁的制作 》

●本书使用自制的海带鲣节风味的料汁。如果使用市面上销售的料汁颗粒或浓缩料汁，一定要按照说明用凉水或开水稀释后再使用。

◎料汁的做法

材料（出汁量约 3 杯）
海带（约 5cm^2）…1~2 片
鲣节…8g
水…3.5 杯

1. 锅中倒入 3.5 杯水，浸泡海带 1~2 小时。然后用小火煮，临近开锅时捞出海带。

2. 改为中火，放入鲣节。开锅后改为小火，继续煮 2 分钟。

3. 熄火，使用网眼比较小的滤网滤出汤汁。

《 烹饪安全注意事项 》

●使用微波炉、烤箱、电烤鱼箱等厨用电器时，务必严格按照说明书进行操作。

●微波烹调时切勿使用带有金属部分的容器、非耐热玻璃容器、漆器、木制品、竹制品、纸制品以及耐热度不到 120 度的树脂容器，以免造成微波炉故障或引发事故。此外，本书中的烹饪时间，在没有特别说明的情况下，是指功率为 600W 的厨用电器的工作时间。如果使用 700W 的厨用电器，工作时间相应减少到 0.8 倍；如果使用 500W 的厨用电器，工作时间则延长至 1.2 倍。

●使用铝箔或保鲜膜加热时，一定要仔细阅读说明书，确认其耐热温度后再使用。

《 油温的判断 》

●油炸食品时，可以使用专用温度计测量油温，也可以采用如下方法判断油温。将色拉油倒入平底锅，中火加热，取一双长筷子，先用水沾湿再用抹布擦干，然后插入油锅中。如果筷子周围有细小的气泡产生，油温大概在 165~170 度左右；如果有大量气泡翻滚，且伴有噼里啪啦的响声，油温则达到了 180 度高温。

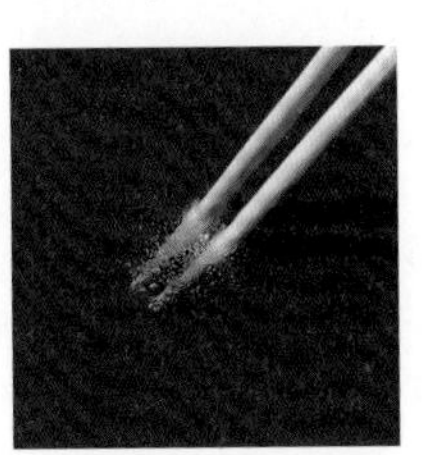

Part 1

今天想做的菜、想吃的菜、在市场上看到的中意的菜，

只要你在目录中找到菜名，就能看到各种不同的菜谱，可以从中选择自己喜欢的做法。

只要掌握了每种菜的基础处理方法，新手也可以轻松做出美味佳肴。

从简单的副菜到复杂的主菜，各种实用的料理方法一应俱全。

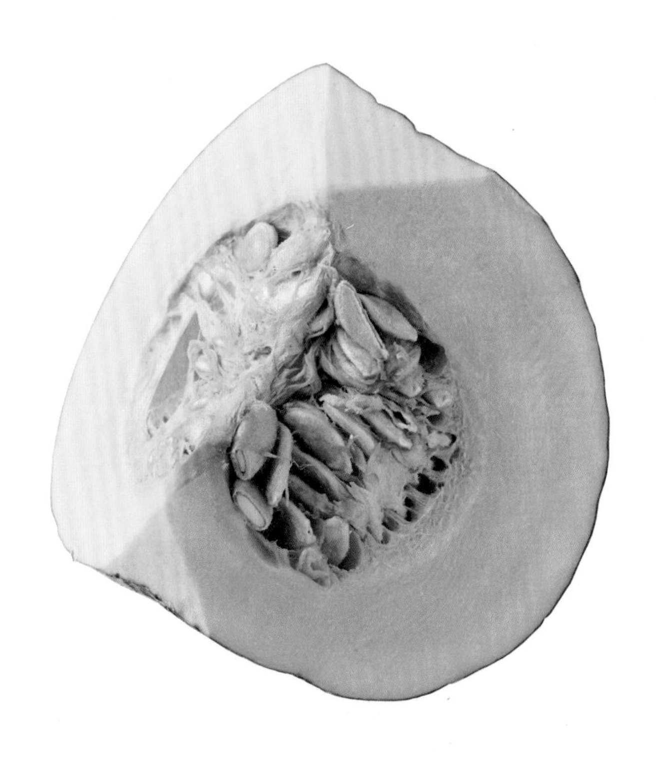

芦笋

绿芦笋是芦笋刚钻出地面的嫩茎部分，春夏季节上市，味道鲜美，清甜可口，营养价值极高。笋穗饱满柔软但又没散开的绿芦笋最为新鲜。

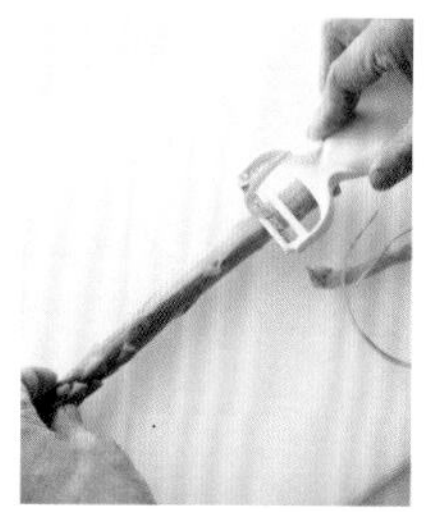

小贴士：

削去下半部分的外皮

先切除 3~5mm 的老根，然后削掉下半部分的外皮，因为这部分外皮厚且硬，影响口感。可以使用削皮刀刮去外皮，简便快捷。削皮刀的具体使用方法可参照 p.32 的说明。

芦笋炒牛肉

烹饪时间
10
分钟

芦笋炒制后盛出来，待牛肉炒熟后再放入混炒，保证了芦笋清脆的口感。牛肉选用烤肉专用的有一定厚度的肉片，嚼劲儿十足。

材料（2 人份）

绿芦笋…5~6 根（200g）
牛腿肉（烤肉专用）…150g
淀粉…1 大匙
蒜…1 瓣
红辣椒…1 个
A
- 酒…1 大匙
- 砂糖…半大匙
- 酱油…2 大匙

胡椒…少许
色拉油…适量

1. 基础处理

切掉绿芦笋 3~5mm 的老根部分，用削皮刀刮去下半部分的外皮，然后斜切成段，每段约 4~5cm 长。大蒜纵向切成两半。红辣椒斜着切成 3 段，剔除里面的种子。牛肉纵向剖分成厚度均等的 2~3 片，裹上淀粉。

2. 炒芦笋

平底锅里倒入约半大匙色拉油，中火烧热，然后放入芦笋翻炒。加入 2~3 大匙水，盖上锅盖焖 1 分钟，然后熄火，盛到盘中。

3. 混炒

稍微用水冲洗一下平底锅并擦干水。倒入 1 大匙色拉油，放入蒜瓣，小火煸炒，待炒出蒜香味后再放入牛肉、红辣椒，中火翻炒。等肉色发生变化后，再依序放入调料 A，最后放入步骤 2 中炒好的芦笋，快速翻炒几下即可。

香煎芦笋

芦笋无需切断，直接下油锅煎烤得外焦里嫩。
一口咬下去，能给您的舌尖带来清甜嫩滑的享受。

材料（2人份）

绿芦笋…6根（250g）
橄榄油…1大匙
盐…三分之一小匙
胡椒…少许

1. 基础处理

切掉绿芦笋3~5mm的老根部分，用削皮刀刮去下半部分的外皮（参照p.2小贴士）。

2. 煎芦笋

平底锅中倒入橄榄油，中火烧热，然后把芦笋排放在上面，煎烤1~2分钟，待底面煎出金黄色后，上下翻动，继续煎烤另一面1~2分钟（右图）。熄火，撒上盐、胡椒粉调味。

待底面煎烤出金黄色后，上下翻动芦笋，继续煎烤另一面。使用夹钳翻动芦笋，操作起来比较简单。

1人份 80 千卡

烹饪时间 7 分钟

芦笋沙拉

简单易做的芥末风味芦笋沙拉。
关键在于先把芦笋焯一下，然后放入冷水中冷却，以保持芦笋的脆爽口感。

材料（2人份）

绿芦笋…6根（250g）
盐…半小匙

A
- 沙拉酱…2大匙
- 芥末粒…半小匙
- 盐…少许

1. 基础处理

切掉绿芦笋3~5mm的老根部分，用削皮刀刮去下半部分的外皮（参照p.2的小贴士），然后斜切成4cm左右的芦笋段。

2. 焯芦笋

锅中放入足量水（约8杯），烧开后先放少许盐，再把切好的芦笋段放入沸水中焯烫30秒至1分钟（右图），捞出放入冷水中冷却，然后沥干水分。

3. 拌沙拉

把调料A依次放入沙拉碗中，充分混合均匀，再放入焯烫好的芦笋段拌匀即可。

先在沸水中加入少许盐，再焯烫芦笋。加盐是为了给芦笋稍加调味，使其味道更加鲜美。斜切的芦笋段受热快，注意控制火候，不要焯过了，从而影响口感。

1人份 110 千卡

烹饪时间 10 分钟

牛油果

牛油果是一种热带水果，凹凸不平的褐色外皮包裹着淡绿色的细腻果肉，脂肪含量高，享有“森林黄油”的美誉。非常适合与肉类、贝类、鱼类一起烹制。

小贴士：

用菜刀剥离果核

菜刀纵向切入牛油果，碰到果核时暂停，然后把刀旋转一圈切开四周，最后双手分别握住牛油果的一半，轻轻一扭就能掰开。去除果核时，可以将刀刃慢慢嵌入果核和果肉之间，很容易就能把果核剥离出来了。

牛油果猪肉卷

牛油果熟吃也非常美味。焦香的猪肉片包裹着细腻油滑的牛油果，风味独特。

1人份 380 千卡

烹饪时间 15 分钟

材料（2人份）

牛油果…1个

猪腿肉（薄片）…（大）6片（180g）

柠檬汁…半大匙

色拉油…1大匙

盐・胡椒…各适量

备注：牛油果选用质地比较硬的。

1. 牛油果的基础处理

牛油果纵向切成两半，去除果核（参照本页小贴士），把每半块牛油果带皮切成3等份的月牙形状后，剥去外皮（图a），然后均匀浇上柠檬汁（参照p.5小贴士）。

2. 卷猪肉片

把猪肉片平摊在案板上，两面均匀撒上少许盐和胡椒，然后卷裹一块牛油果（图b）。按照同样的方法依次卷好其他牛油果。

3. 煎烤

平底锅中倒入色拉油，中火烧热，把牛油果猪肉卷卷口朝下排放在锅中煎烤1~2分钟，待底面呈现金黄色后，翻动猪肉卷，继续煎烤，直至整体都煎烤出金黄色。然后盖上锅盖，小火干蒸2分钟左右，均匀撒上少许盐和胡椒。

a

先带皮切开，再分块剥皮，比较容易扒皮。

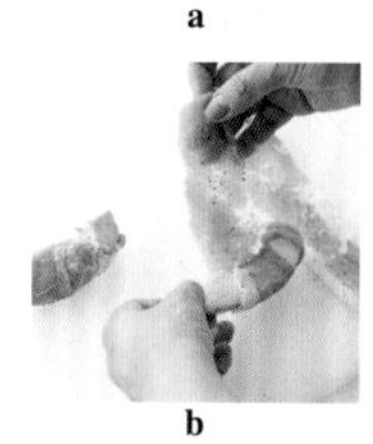
b

从牛油果的一端开始斜着卷裹猪肉片，最终把牛油果整块都包裹起来。

小贴士：

巧用柠檬汁防止牛油果变色

牛油果切开后容易氧化变色。切开后马上淋上柠檬汁，可以有效防止变色。

牛油果鲜虾意大利冷面

切一个牛油果，一半做配菜，一半做酱料，
搭配上与牛油果最相配的鲜虾仁，
轻松搞定美味意面！

材料（2 人份）

牛油果…1 个
意大利面…160g
虾仁…100g

A
- 橄榄油…2 大匙
- 盐…⅓小匙至半小匙
- 胡椒…少许

橄榄油…1 大匙
胡椒…少许
柠檬汁…2 大匙
盐…适量

1 人份 660 千卡

烹饪时间 20 分钟

1. 基础处理

牛油果纵向切成两半，去除果核（参照 p.4 小贴士）。把一半牛油果切成 1cm 见方的小块，浇上 1 小匙柠檬汁（参照本页小贴士）。用勺子挖出另一半牛油果的果肉放入拌菜盆中，淋上半大匙柠檬汁后，用叉子的背面碾碎（右图），然后加入混合调料 A 搅拌均匀，做成酱料。剔除虾仁背部的黑线，洗净沥干水分待用。

2. 煮面、冷却

锅中放入足量水（约 2 升），烧开后加入 1 大匙盐（用量约为开水量的 1%），再放入意大利面，按照包装袋的说明用稍大的中火煮熟，熄火前 1 分钟放入虾仁。然后用笊篱捞出来，连同笊篱一起浸入冷水中，换水 1~2 次，充分冷却意面。沥干水分后，加入橄榄油、¼小匙盐、胡椒等调料搅拌均匀。

3. 装盘

把牛油果丁放入意面中，搅拌均匀。盛到碗中，上面放上牛油果酱料。注意，食用前再搅拌。

用叉子背面碾碎牛油果肉，做成滑腻的酱料。

毛豆

毛豆就是新鲜连荚的黄豆，保鲜时间短，买来后要尽快煮熟。毛豆粒色、香、味俱佳，有多种做法和吃法。

毛豆鸡肉饼

鸡肉饼上嵌满嫩绿的毛豆粒，
煎烤得松软喧腾，毛豆的清香混合肉香溢满口舌。

材料（2人份）

毛豆粒（做法参照本页小贴士）
…120g
淀粉…1大匙
鸡肉末…100g

A
- 葱末…1大匙
- 酒…1大匙
- 盐…⅓小匙
- 酱油…少许

色拉油…2小匙
备注：带荚毛豆约重250g。

小贴士：

煮毛豆

用水冲洗一下毛豆，沥干水分。放入盆中，撒上盐，200g毛豆大约撒上1大匙盐，用手揉搓均匀。

锅中倒入足量热水（约8杯），放入图1中的加盐毛豆。开锅后，改成中火煮5分钟左右。

把毛豆捞到滤筐中，摊开，使其自然冷却。注意不要放入水中冷却，那样会导致毛豆水分过大影响口感。

毛豆沙拉

五彩缤纷的美味沙拉，注意，
其他配料要切成与毛豆粒相配的大小。

1 人份 190 千卡　烹饪时间 5 分钟

材料（2 人份）

毛豆粒（做法参照 p.6 小贴士）…100g
火腿…2 片
圣女果…4 个
法式沙拉调味汁（做法参照 p.55）…3 大匙
盐・胡椒…各少许
备注：带荚毛豆约重 200g。

1. 基础处理

火腿切成 1cm 见方的薄片。圣女果去蒂，纵向切成 4 小块。

2. 拌沙拉

把毛豆粒放入沙拉碗中，再放入火腿、圣女果，浇上调味汁，撒上盐、胡椒，拌匀即可。

毛豆金枪鱼炒咸菜

选用身边现成的食材，金枪鱼罐头、腌野泽菜配上毛豆粒，
瞬间就可以做出一道美味的开心小炒。

1 人份 150 千卡　烹饪时间 7 分钟

材料（2 人份）

毛豆粒（做法参照本页小贴士）…100g
金枪鱼（罐头 / 油浸）…（小）1 罐（80g）
腌野泽菜…60g
红辣椒…1 根
色拉油……半大匙
A［酒…1 大匙
　 盐・胡椒……少许
备注：带荚毛豆约重 200g。

1. 基础处理

腌野泽菜切成 1cm 大小的丁。金枪鱼罐头滤掉汁水，撕成小块。红辣椒剔除种子，横切成 5mm 宽的辣椒圈。

2. 混炒

平底锅中倒入色拉油，中火烧热，加入毛豆粒和金枪鱼快速翻炒，再放入辣椒、腌野泽菜混炒，最后加入调料 A 调味。

金针菇

白嫩、细长的金针菇，菌柄脆滑，菌盖滑嫩，有嚼头儿，味美适口，没有什么禁忌，一般人群均可食用。金针菇适合一簇一丛的方式食用，最大程度带来清香鲜美的味觉享受。最适合凉拌或用作火锅和汤菜类的食材。

小贴士：

带着包装袋切除根部

金针菇的根部比较硬，而且带着锯末等生长培养料，所以食用时要切掉5~6cm的老根。最简便的方法就是带着包装袋切除根部，然后再做后续处理。

金针菇猪肉卷

薄薄的猪肉片包裹着一束金针菇，
做成甜咸适宜的照烧卷。
金针菇的筋道口感与众不同又令人回味悠长。

烹饪时间
15
分钟

材料（2人份）

金针菇…（大）1袋（200g）
猪腿肉（薄片）…4片（120~150g）
淀粉…适量
色拉油…⅔大匙

A
- 酒…1大匙
- 甜料酒…2大匙
- 砂糖…1小匙
- 酱油…1.5大匙

1. 基础处理

切掉金针菇的根部（参照本页小贴士），分成4等份。猪肉片上先薄薄敷上一层淀粉，再包裹上金针菇（图a）。在卷好的猪肉卷表面也涂上淀粉（图b）。

2. 煎烤

平底锅中倒入色拉油，中火烧热，把卷好的金针菇卷口朝下排放在锅内，不时翻动，待猪肉卷一圈都煎烤出淡淡的金黄色后，盖上锅盖，改为小火干蒸3分钟左右。

3. 调味、装盘

熄火，依次倒入A中的各种调料，然后打开火，调至稍小的中火。开锅后轻轻晃动平底锅，让每个猪肉卷都能沾上料汁。把猪肉卷切成适合入口的大小，盛入盘中，最后再把锅中的料汁均匀淋在肉卷上即可。

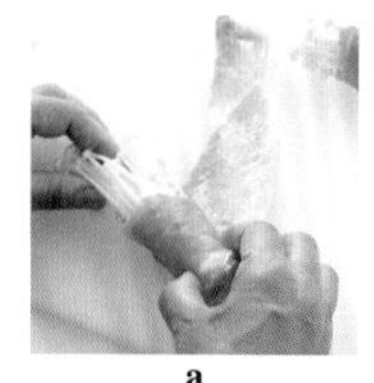

a

展开猪肉片，敷上一层淀粉以使肉片和金针菇不易散开。取一份金针菇放在肉片上，斜着卷起肉片，把金针菇包裹起来。

b

搪瓷盆中铺满淀粉，在上面滚动猪肉卷，然后轻轻拍打掉肉卷表面多余的淀粉。

金针菇拌梅干

既能享受到金针菇自身的黏韧口感，
又能感受到梅干和绿紫苏的清爽。

材料（2人份）

金针菇…（大）1袋（200g）
梅干…（大）1个
绿紫苏…2片
酒…1大匙
备注：梅干去核，切碎，约1大匙的分量。

1人份
25
千卡

烹饪时间
20
分钟

1. 基础处理

金针菇切掉根部(参照p.8小贴士)，对切或切成3等份，用手撕开粘连在一起的根部以方便食用。

2. 焯烫金针菇

锅中放入金针菇、酒、3~4大匙水，盖上锅盖，中火加热。开锅后改为小火，继续蒸煮5分钟左右。把金针菇捞到滤筐中，控水冷却。

3. 凉拌

梅干去核，切碎。紫苏叶去梗，纵向切成4等份再切成细丝。把金针菇、梅干放入碗中拌匀，再加入紫苏稍加搅拌即可。

金针菇鸡肉味噌汤

1人份
110
千卡

烹饪时间
15
分钟

散发出肉香、金针菇清香的美味味噌汤，无需再加料汁调味。因为各种配料是先炒再煮，所以汤汁更为浓郁。

材料（2人份）

金针菇…（大）1袋（200g）
鸡肉末…50g
细葱…1~2根
色拉油…1小匙
大酱…1.5大匙

1. 基础处理

金针菇切掉根部（参照p.8小贴士），横着从中间对切，用手撕开粘连在一起的根部以方便食用。细葱横切成碎末。

2. 炒

锅中倒入色拉油，中火烧热，放入鸡肉末，改为小火，用锅铲边搅散肉末边翻炒。待鸡肉变色后，加入金针菇快速翻炒。

3. 煮

锅中倒入2杯水，改为中火，煮开后再改成小火，盖上锅盖煮5分钟。待大酱充分化开后，盛入碗中，撒上葱末。

杏鲍菇

杏鲍菇菌柄肥厚，富有嚼头儿。不同的切法、搭配食材、烹饪方法会带来不同的美味享受。

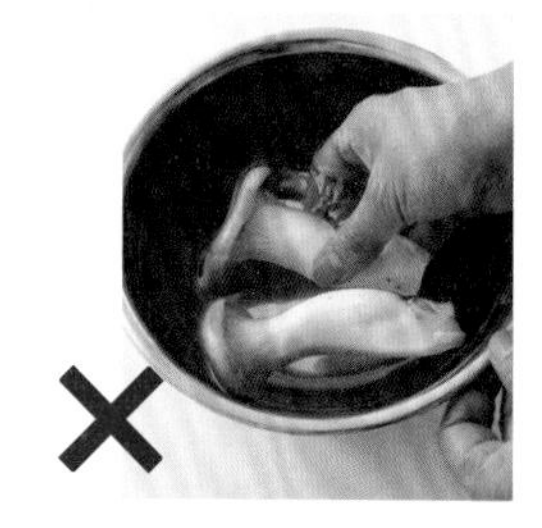

小贴士：

不要水洗

蘑菇最好不要下水清洗，以免水分太大影响口感。正确的方法应该是用厨用纸巾擦拭干净。

香煎杏鲍菇

杏鲍菇竖切成长条状，煎烤得恰到火候，酥香味美。
萝卜泥和橙汁酱油有效冲淡了油腻感，清淡可口。

材料（2人份）

杏鲍菇…（大）4根（280g）

萝卜泥…150g

橄榄油…2大匙

橙汁酱油…适量

七香粉（依个人喜好添加）…适量

1. 基础处理

杏鲍菇切掉根部，纵向对切，在侧面浅浅划上几刀（图a）。萝卜泥放在滤网上，稍稍挤去一些水分。

2. 煎烤

平底锅中倒入橄榄油，中火烧热，杏鲍菇带有刀痕的一面朝下排放在锅中。取一个比平底锅口径小的锅盖盖上（图b），焖烤3分钟。掀开锅盖，上下翻动杏鲍菇，再盖上锅盖继续焖烤3分钟。如果水分渗出较多，可以敞开锅用大火加热，直至水分蒸发。

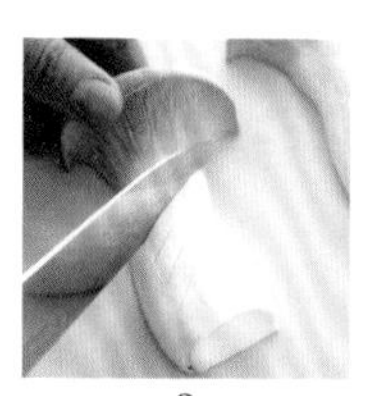

a

在杏鲍菇菌柄的侧面浅浅划上7~8刀，受热快，可以缩短煎烤时间。

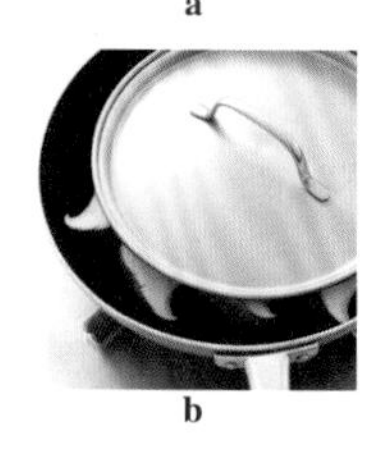

b

找一个小于平底锅口径的平锅盖压在杏鲍菇上，让杏鲍菇紧贴锅底，这样受热面积大，熟得快。

3. 装盘

把煎好的杏鲍菇盛入盘中，上面铺上一层萝卜泥，根据个人口味可以再撒上七香粉，最后配上一小碟橙汁酱油。

杏鲍菇炖牛肉

杏鲍菇用手撕成小段，由于断面参差不平，更易充分吸收牛肉和汤汁的香味。

材料（2人份）

杏鲍菇…2袋（200g）
牛肉片…150g
葱…半根
色拉油…1大匙
酒…2大匙
A ┌ 甜料酒…2大匙
  │ 砂糖…半大匙
  └ 酱油…2大匙

1. 基础处理

杏鲍菇切去根部，用手纵向撕成均等大小的6条。葱斜切成1cm宽的葱段。

2. 炒、炖

平底锅中倒入色拉油，中火烧热，放入牛肉片搅散翻炒。待牛肉变色后，依次加入酒、⅓杯水以及混合调料A，开锅后放入杏鲍菇翻炒，然后盖上锅盖炖5~6分钟。

3. 加入葱段调味

加入葱段，继续炖1分钟即可。

杏鲍菇炒明太子

1人份 160 千卡　烹饪时间 10 分钟

炒软的杏鲍菇充分吸收了明太子的鲜美海味，既可以当下酒菜，也适合作为便当的配菜。

材料（2人份）

杏鲍菇…（小）4根（160g）
芥末明太子…（大）半条鱼的量（50g）
橄榄油…2大匙

1. 基础处理

杏鲍菇切除根部，横向一切为二，再分别纵向切成均等大小的4块。明太子去除外面的包裹膜。

2. 炒

平底锅中倒入橄榄油，中火烧热，放入杏鲍菇，稍稍调小火苗，翻炒4~5分钟。

3. 加入明太子

杏鲍菇炒软后，放入明太子，搅散翻炒均匀。

秋葵

秋葵具有独特的香味，表面覆有一层细密的白绒毛，切面多呈五角形，果实含有特殊黏滑物质。可以整个煎烤，也可切块凉拌，做法多样，风味不同。

小贴士：

削去鼓出部位

先切掉蒂的末端。由于花萼部位比较坚硬，回转菜刀削去突鼓出来的部分。即使没有萼片，也要削掉突出的坚硬部分。

秋葵猪肉卷

1人份 240 千卡

烹饪时间 10 分钟

一片猪肉卷入一支秋葵。
煎烤出的肉香混合着秋葵自身独特的清香裹满舌尖。

材料（2人份）

秋葵…10个
猪五花肉片（火锅用）…10片（120g）
色拉油…少许
柠檬片（半月切）…2片
酱油…适量

1. 基础处理

切去秋葵果蒂的末端，旋转削去花萼的突出部分（参照本页小贴士）。展开一片肉片，卷入一个秋葵（图a）。按照同样方法一一卷好。

2. 煎烤

平底锅中涂抹一层色拉油，中火加热，卷口朝下排放好秋葵猪肉卷。不时翻动，煎烤3分钟，煎至肉卷整体呈现金黄色。煎烤期间会有五花肉的油脂渗出，可以用厨房纸巾吸除（图b）。

3. 装盘

把煎好的猪肉卷盛入盘中，附上柠檬片。蘸着酱油就可以美美开吃了。

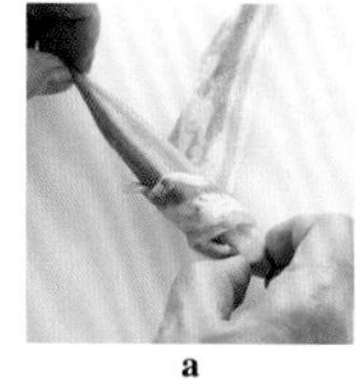

a

展开一片五花肉，从秋葵的花萼端斜着向尖端卷裹。秋葵包裹上猪肉片，缓解了秋葵表面密密麻麻的细绒毛带来的味觉刺激，口感更佳。

b

猪五花肉油脂含量高，受热后油脂会渗出。用厨房纸巾吸走多余的油脂，可以使猪肉卷更加酥脆。

香烤秋葵

烹饪时间 10 分钟

一道能够轻松搞定的健康下酒菜，只需在秋葵表面涂满蛋黄酱，送入烤箱烤制即可。

材料（2人份）

秋葵…10个

A 蛋黄酱…2大匙
酱油…半小匙

七香粉…少许

1. 基础处理

切去秋葵的蒂，削去花萼的坚硬部分（参照p.12小贴士）。把蛋黄酱和酱油倒入大碗中搅拌均匀，放入秋葵，使其表面充分裹满蛋黄酱。

2. 烤

把裹满蛋黄酱的秋葵排放在烤盘上，撒上七香粉，送入烤箱烤制5~6分钟即可。

秋葵拌鳕鱼子

秋葵焯烫后横切成小段，翠绿的外皮，五角形的切面，饱满的白果粒，粉色的鳕鱼子，令人赏心悦目。

材料（2人份）

秋葵…10个

鳕鱼子（去膜）…1大匙

盐…1小匙

1. 焯秋葵

秋葵洗净后放入盆中，加入食盐，揉搓拌匀（右图）。锅中倒入足量热水（约8杯），放入用盐腌过的秋葵，开锅后继续焯烫30秒。然后捞出秋葵，放入冷水中冷却，沥干水分。

2. 切秋葵

先切掉秋葵的蒂，再横向切成1cm宽的圆段。

3. 拌制

碗中放入鳕鱼子和切好的秋葵段，拌匀即可。

加盐揉搓秋葵，是为了搓掉表面的细绒毛，这样可以使秋葵色泽更翠绿，口感更佳。

1人份 25 千卡

烹饪时间 5 分钟

料理笔记…❶

蔬菜的挑选和保存诀窍

新鲜的蔬菜是做出美味菜肴的基本。
牢记选菜技巧，仔细观察，慎重挑选。
掌握储存方法，巧妙保鲜，享受美味。

蔬菜的挑选技巧

1. 果皮紧致、茎叶水灵

首先要看蔬菜有无伤痕和挤压，其次要看是否水灵娇嫩。一般来说，西红柿、茄子、青椒等果实类蔬菜以及荷兰豆等豆荚类蔬菜要挑选颜色深、富有光泽的；根菜类、薯类、菌菇类以表面无褶皱、光滑有张力为佳；菠菜等叶菜类、芹菜、韭菜、大葱等，菜叶平整、菜茎挺括、茎叶水灵的才算新鲜。

2. 注意观察果蒂、花萼、表面的绒毛

选购荷兰豆、西红柿、茄子等蔬菜时要看果蒂或萼片是否硬挺鲜嫩；秋葵或毛豆类则要挑选表面绒毛细密立挺的；黄瓜一般要查看表面的凸起是否饱满，但黄瓜种类比较多，各有各的特点，要灵活选择。

3. 观察切口的状态

选购卷心菜、生菜、西蓝花、芦笋时要注意观察菜芯和根部切口的状态。如果干燥变色则表明搁置时间比较长；如果出现了空洞或间隙则有可能已经变质。还要注意，白菜、卷心菜、生菜这类通常切开卖的蔬菜，搁置期间，切口部分还会稍微生长，所以那些切口不平整或者已经变色的要慎选。

4. 慎选生芽、变色的蔬菜

果实类、根菜类、薯类蔬菜，如果表面颜色不均匀一定不要购买；如果芥蓝、西蓝花的花蕾开花或者变黄了则表明已经长老；叶菜类的叶子或者菜茎上的叶子发黄了也不能买；生芽、表皮变绿的薯类更不能要。

新鲜的茄子表皮紧致、萼片硬挺。

表面有坑洼或伤疤的不能买。

新鲜的白菜切口平整无变色。

芥蓝如果搁置时间长了，会变黄、开花。

生芽、外皮变绿的土豆不能买。

保鲜储存小窍门

1. 基本方法——装进保鲜袋放入冰箱

果实类、叶菜类、根菜类、菌菇类等大多数蔬菜都适宜保存在通风阴凉处，所以冰箱的冷藏室是最佳储存场所。但是冰箱容易使蔬菜丧失水分，因此需要把蔬菜装进保鲜袋中再放入冰箱冷藏。不过，要注意的是保鲜袋中不能有水汽，不然容易导致蔬菜变质，所以最好等蔬菜彻底晾干后再装进保鲜袋，并且尽量挤压出保鲜袋中的空气，最后务必密封好，这样蔬菜才能保存持久。

2. 不同蔬菜的保存方法

菠菜之类的叶菜以及芦笋等，储存时要把菜叶或笋穗朝上竖立放置，保持生长的状态。容易丧失水分的牛蒡，可以先用报纸包裹起来再放入保鲜袋中。南瓜去掉种子和瓜瓤，金针菇切除根部可以长时间保存。萝卜、芜菁容易从菜叶部分流失水分，所以最好把根和叶切开分别保存。柔软怕挤压的蔬菜可以放进保鲜盒，再连盒一起放入保鲜袋中。

3. 薯类只需放入纸袋中常温保存

土豆、地瓜、芋头等耐寒性差，不用放入冰箱，只需常温保存即可。为了遮光，可以先用纸包裹起来再放入纸袋中，保存在通风阴凉处。因为这类蔬菜生长在土壤中，所以为了避免土中的细菌加剧变质，最好先清洗干净，充分晾干后再进行保鲜储存。但是，这类蔬菜中的山药比较特殊，因其水分含量大，容易变质，所以还是要装进保鲜袋中放入冰箱保存。

新鲜的茄子表皮紧致、萼片硬挺。

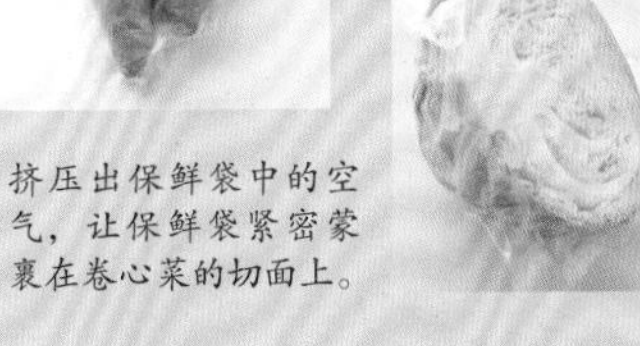

挤压出保鲜袋中的空气，让保鲜袋紧密蒙裹在卷心菜的切面上。

叶菜类保存时要菜叶朝上竖立起来，保持生长的状态储存。

分开芜菁的根和叶，分别装入保鲜袋中。

去掉瓜瓤后放入保鲜袋内。

西红柿放入保鲜盒中以免受到挤压。

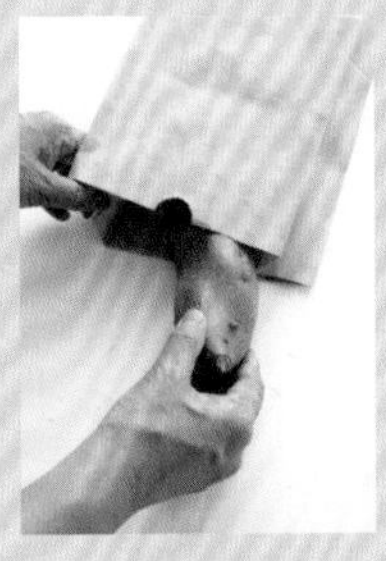

生长在泥土中的薯类，先装进纸袋中（左图），再放到通风阴凉处保存（右图）。

芜菁

芜菁品种繁多，各地均有种植，白色圆球形状的品种常见，煮食、生吃皆可。芜菁的茎叶也可作为青菜食用。

小贴士：

下水浸泡易洗净泥土

芜菁多以带着少许茎叶的方式食用。清洗芜菁时，可以先放入水中浸泡10分钟，稍加搅和揉搓，就可以轻松洗掉茎叶间残存的泥土。

奶香芜菁虾仁煲

牛奶煮出来的浓汤中，
芜菁的清淡混合虾仁的海味
和黄油的浓郁，令人垂涎欲滴。

材料（2人份）

芜菁…3个（250g）
芜菁叶…60g
虾仁…120g
洋葱…（小）半个（80g）
A［黄油…1.5大匙
　 小麦粉…1.5大匙］
黄油…1大匙
盐…半小匙
胡椒…少许
牛奶…1杯

1. 基础处理

芜菁切去茎叶，但头部稍留2~3cm的茎叶，削皮后切成4等份的月牙形状，入水浸泡10分钟，洗净茎叶中残存的泥土（参照本页小贴士）。芜菁叶切成3cm长短。虾仁剔除背部的黑线，洗净沥干水分。洋葱切碎。把A中所示的黄油和小麦粉放入小碗中，用叉子压碎拌匀。

2. 炒、炖

锅中放入黄油，用中火加热融化，放入洋葱末翻炒，炒软后放入芜菁块翻炒。待芜菁块全都裹满黄油后，添加半杯水，开锅后改为小火，盖上盖子炖5分钟。

3. 调味

放入虾仁、芜菁叶（图a），改为中火炖煮。待虾仁变色后，把炉火稍调小，放入盐、胡椒、牛奶调味。开锅后，加入混合调料A（图b），使汤汁浓郁醇香。

a

虾仁和芜菁叶过火即熟，所以必须待洋葱、芜菁块煮熟后再放入，这样才能保证虾仁软嫩、芜菁叶翠绿，色香味俱佳。

b

加入黄油和小麦粉可以使汤汁更加浓厚醇香。

芜菁火腿沙拉

用擦菜板切出的芜菁薄片慢慢汲取生火腿的淡淡盐味和肉香，脆滑爽口。

1人份 150 千卡　烹饪时间 10 分钟

材料（2人份）

芜菁…2个（160g）
芜菁叶…适量
生火腿…40g
橄榄油…半大匙
醋…半大匙
盐 · 黑胡椒…少许

备注：芜菁叶选用内侧的细软嫩叶。

1. 基础处理

芜菁洗净，带皮用擦菜板（参照p.33）或用菜刀切成薄片，冷水浸泡5分钟后，捞出来放在滤筐中沥干水分。芜菁叶切成适宜入口的长短。生火腿切成3cm大小的薄片。

2. 拌沙拉

把芜菁、火腿、芜菁叶放入沙拉碗中，均匀淋上橄榄油，倒上醋，加盐，撒上黑胡椒，拌匀即可。

芜菁芝麻拌饭料

用平底锅就能轻松做出的湿拌饭料，与米饭是绝配，摊鸡蛋饼时亦可加入调味。

烹饪时间 10 分钟

材料（2人份）

芜菁叶…300g
盐…⅔小匙至1小匙
鲣节…2袋（10g）
白芝麻…2大匙

1. 基础处理

芜菁叶切成5mm宽的碎末。

2. 干煸

平底锅中放入芜菁叶，中火干煸，叶末变软后改为小火，继续煸炒5~6分钟，直至炒干水分。

3. 调制

撒上盐翻炒均匀，熄火。冷却后，加入鲣节和白芝麻拌匀即可。

保存

待彻底凉透后，放入密封容器中，在冰箱中可保存4~5天。

南瓜

热乎乎、软腻腻的南瓜，可煎、可煮、可做饼，做法多样。注意南瓜的切法和瓜瓤的去除方法。

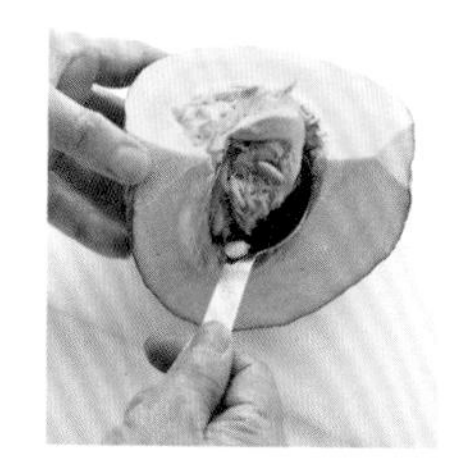

小贴士：

巧用大号勺子

可以用大号勺子挖除瓜瓤和种子，然后把内侧残留的纤维状瓜瓤清除干净。

蒜香南瓜

先过油再小火干蒸，南瓜块外焦里嫩，蒜香味浓郁。

材料（2人份）

南瓜… ¼个（450g）

蒜…2 瓣

橄榄油…2 大匙

盐… ¼小匙

胡椒…少许

烹饪时间
20
分钟

1. 基础处理

南瓜洗净擦干水，用大号勺子挖去瓜瓤和种子（参看本页小贴士）。带皮横向对切成两块，然后每块再纵向切成4小块（图a、b）。蒜瓣纵切为2~3片。

2. 干蒸

平底锅中倒入橄榄油，放入蒜片，小火加热。待煎出蒜香味后，放入南瓜块，改为中火，翻动南瓜块，使其均匀沾满橄榄油。然后盖上锅盖干蒸10分钟左右，中间要翻动南瓜块2~3次。

3. 调味

撒上盐、胡椒，快速翻炒。

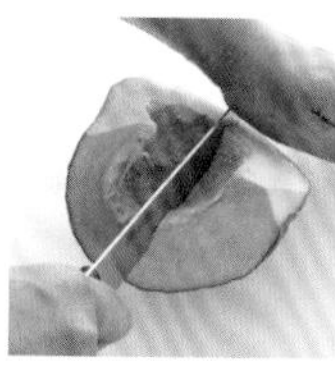

a

带皮横向对切成两块。注意刀法，一手握住刀柄，一手按住刀背的末端，迅速用力按下。

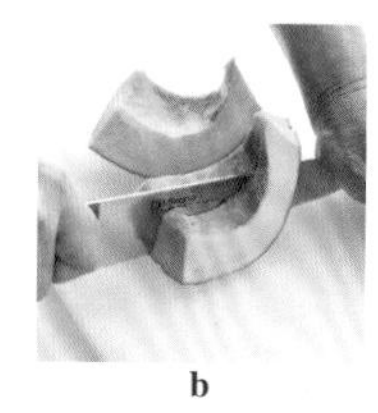

b

刀法与a相同，先从中间纵切成两块，再把每一块从中间纵切成两块。

煮南瓜

厚度适宜的南瓜块，皮朝下排放在锅内可以防止煮烂变形，带来软糯香甜的味觉享受。

材料（2人份）

南瓜… ¼个（450g）

A
- 甜料酒…1大匙
- 酱油…1大匙

砂糖… ⅔大匙

1人份 140 千卡

烹饪时间 25 分钟

1. 基础处理

南瓜洗净擦干水，用勺子挖去瓜瓤和种子（参看p.18小贴士）。带皮横向对切成两块，然后每块再纵向切成4小块。

2. 煮

把南瓜块皮朝下排放在小锅中，倒入1杯水，加入混合调料A，中火加热。开锅后，盖上锅盖，小火煮15分钟左右，直到把南瓜煮软。

咖喱南瓜煲

南瓜自身的甘甜搭配咖喱的香辛，
再加上鸡翅根的肉香，
为您奉上一道香浓味美的南瓜煲。

材料（2人份）

南瓜… ⅙个（300g）

鸡翅根…6个（400g）

洋葱…1个（200g）

水芹菜…50g

A
- 酒…3大匙
- 咖喱粉…2~3大匙
- 盐…半小匙

B
- 番茄酱…2大匙
- 辣酱油…1大匙
- 盐…半小匙

1人份 330 千卡

烹饪时间 45 分钟

1. 基础处理

洋葱纵向切成6等份。南瓜洗净擦干水，用勺子挖去瓜瓤和种子（参看p.18小贴士），带皮横向对切成两块，然后再每块纵向切成大小均等的2~3小块。水芹菜横向切成两段，把茎和叶分开。

2. 煮鸡翅根

锅中倒入6杯水，放入鸡翅根，中火加热。煮开后，撇净浮沫，加入A调料。再次煮开后改为小火，盖上锅盖煮20分钟左右。

3. 加入蔬菜

加入调料B搅拌均匀，放入洋葱、南瓜、水芹菜的茎，改为中火加热。开锅后，调成小火，盖上锅盖焖煮6~8分钟。待南瓜煮软后放入水芹菜叶，熄火。

南瓜泥黄瓜沙拉

软糯的南瓜泥、爽脆的黄瓜、浓郁的奶油共同打造出一道高品质的美味沙拉。

材料（2 人份）

南瓜… ¼个（450g）
黄瓜…1 根（400g）
盐…半小匙
A［蛋黄酱…2 大匙
　鲜奶油（或牛奶）…2~3 大匙

1. 南瓜的预处理

南瓜洗净擦干水，用勺子挖去瓜瓤和种子（参看 p.18 小贴士），带皮切成 2cm 见方的小块（图 a、b）。

2. 制作南瓜泥

把南瓜放入小锅中，倒入大半杯水（图 c），盖上锅盖中火加热。开锅后改为小火，蒸煮 12~15 分钟。南瓜煮软后用笊篱捞出来沥干水分，盛到碗中用叉子碾碎，冷却待用。

3. 加入黄瓜

黄瓜横切成圆薄片，放入另外一只碗中，撒上盐腌渍 10~15 分钟。黄瓜片蔫软后，用清水冲洗，然后挤干水分，放到南瓜泥上，再加入混合调料 A 拌匀即可。

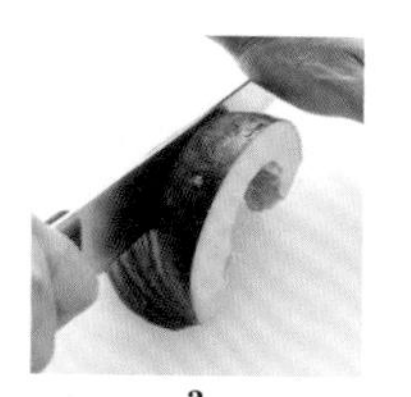
a
把南瓜皮朝上放在案板上，纵向切成 2cm 宽的南瓜条。

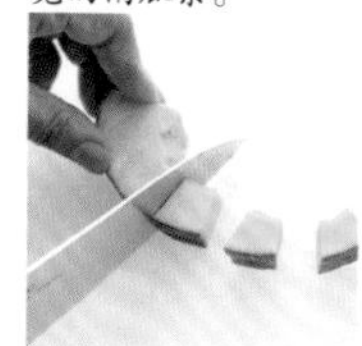
b
把南瓜条切成 2cm 见方的小块。

c
蒸煮南瓜时少放水，这样蒸出来的南瓜水分少，更加软糯。

奶香南瓜团

汤团是面食的一种。使用易熟易碾碎的南瓜，即便是厨房新手也能轻松做出美味的南瓜团。

材料（2 人份）

南瓜… ¼个（450g）
盐…少许
黄油…2 大匙
A［奶酪粉…2 大匙
　盐・黑胡椒粒…各少许
奶酪粉・黑胡椒粒…各适量
小麦粉…适量

备注：南瓜去除瓜瓤、种子和外皮后约重 300g。

1. 基础处理

南瓜洗净擦干水，用勺子挖去瓜瓤和种子（参看 p.18 小贴士），纵向切成 3cm 宽的南瓜条，切去外皮（图 a），然后分切成 3~4 等份。

2. 制作南瓜泥

把南瓜块放入锅中，倒入大半杯水，中火加热。开锅后，改成小火，盖上锅盖蒸煮 12~15 分钟。熄火，捞到滤筐中。沥干水分后再次放入锅中，小火加热，用木铲按压碾碎，靠干水分后熄火，盛入盆中。

3. 制作南瓜团

待南瓜泥冷却后，加入盐、小麦粉（视黏稠情况而定，共计加入 80~100g 面粉）揉成光滑的面团（图 b）。案板上铺上一层面粉，把面团均分成 2~3 块，然后把每块面团揉搓成直径 2.5cm 的面棒，再切成 4cm 长的南瓜团（图 c）。

4. 热加工

大锅中倒入足量水（约 2 升），烧开后放入南瓜团，中火煮。待南瓜团漂浮起来后（图 d），继续煮 1 分钟，然后用笊篱捞到大碗中，加入黄油、调料 A 拌匀。盛入盘中，依个人口味撒上奶酪粉和黑胡椒粒。

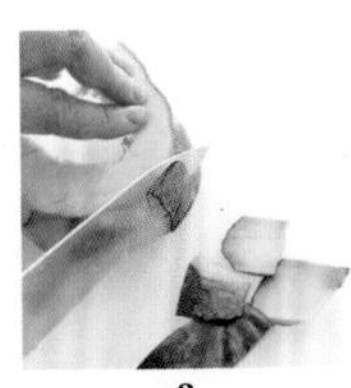
a

把南瓜条放在案板上，一点一点切去外皮。

b

在南瓜泥中加入盐、面粉，充分揉和，揉成光滑的面团。

c

把面块揉搓拉成面棒，切成一小段一小段的南瓜团。把面块搓成棒状，这样切出来的南瓜团大小、粗细均等，受热均匀。

d

南瓜团煮熟后会漂浮在水面上，还要再继续煮 1 分钟，以便南瓜团内部也能彻底熟透。

卷心菜

卷心菜吃法多样，可生吃，也可炒煎炖煮。结球蓬松、呈球形的春季卷心菜适合拌沙拉生吃；结球紧实扁平形状的冬季卷心菜味甘甜，适合煮透了食用。

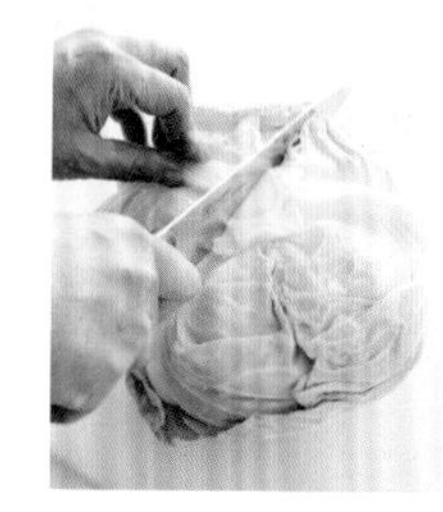

小贴士：

根部朝上对切

切卷心菜时，简便的方法就是把卷心菜根部朝上放在案板上，从根部中间一切两半。

卷心菜蒸培根

1人份 320千卡　烹饪时间 35分钟

一道使用平底锅就能轻松做出的美味菜肴，卷心菜的菜叶间夹着培根和蒜片，带来不同于煮食和炒食的独特口感。

材料（2人份）

卷心菜…半个（500g）
培根…6片（100g）
蒜…1瓣
盐…半小匙
胡椒…少许
香菜末…1~2大匙
橄榄油…1大匙

1. 基础处理

卷心菜带着菜芯纵向对切成两半（参照本页小贴士），培根片从中间切开，蒜瓣横向切成薄片。

2. 加工成形

把培根和蒜片夹进叶片之间（图a）。

3. 蒸

把夹入培根和蒜片的卷心菜放入平底锅中，撒上盐和胡椒，倒入1杯水（图b），盖上锅盖中火加热。开锅后，改为小火蒸20~30分钟。最后，撒上香菜末，淋上橄榄油，熄火。

a

卷心菜外部比较大的叶片，可以每两片夹入一层培根和蒜片，内侧小的叶片，每三四片叶片间夹入一层培根和蒜片。

b

卷心菜切成月牙形状，外侧朝下放进平底锅，这样可以防止菜叶汲取过多的水分影响口感。

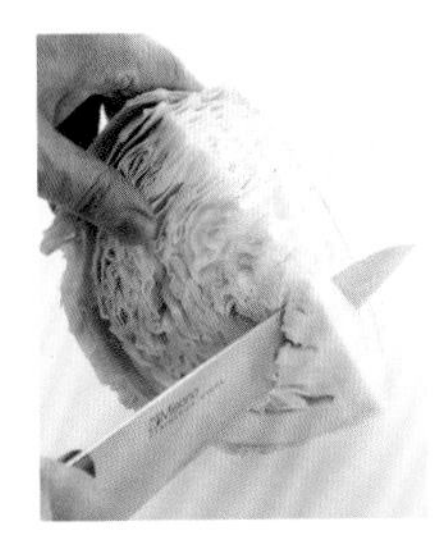

小贴士：

斜着切除菜芯

卷心菜的菜芯比较硬，料理时最好切除。可以从切面夹角处下刀，斜着向下进刀切除菜芯部位。但是菜芯不要扔掉，也可以食用，比如切成薄片后可以作为味噌汤的配料。

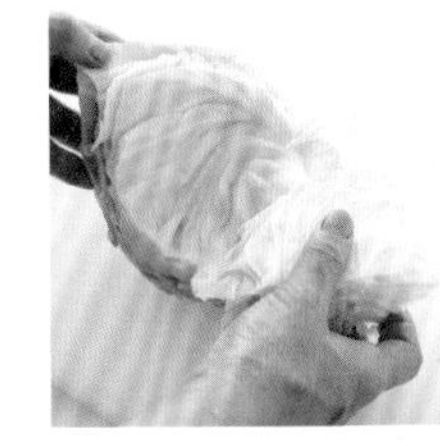

小贴士：

外侧和里侧的叶片分开切

这是¼个卷心菜，可以看到外侧和里侧的叶片大小差异较大，而且整块卷心菜呈半圆形，比较难切，所以最好把外侧和里侧的叶片对半分开，分别把外侧和内侧的叶片适当展开按压在案板上，这样就比较容易切了。需要切丝的时候也适用这种分半切的方法。

卷心菜炖油炸豆腐

油炸豆腐的浓香和料汁的鲜美渗透到软软的卷心菜中，清淡可口，令人大快朵颐。

材料（2人份）

1人份 180 千卡　烹饪时间 20 分钟

卷心菜…¼个（250g）

油炸豆腐…2片

A
- 料汁（参看 p.6）…2杯
- 酱油…1小匙
- 盐…半小匙

七香粉…少许

1. 基础处理

油炸豆腐放进开水中焯烫1分钟，捞到滤筐中，凉透后挤干水分，横向对半切开，再切成约3cm宽的小块。卷心菜切除菜芯部分（参看本页小贴士），然后切成4~5cm见方的菜片。

2. 炖

锅中倒入料汁，中火加热，煮开后加入调料A搅拌均匀，放入油炸豆腐，盖上锅盖小火炖3~4分钟，再放入卷心菜，盖上锅盖小火炖5~6分钟，直到卷心菜变软。盛到盘中，撒上七香粉。

芥末卷心菜

卷心菜焯烫后再凉拌，不会渗出太多水分，甘甜爽口，混合芥末粒醇厚的辛辣和酸味，带来沙拉般的味觉享受。

材料（2人份）

1人份 150 千卡　烹饪时间 10 分钟

卷心菜…¼个（250g）

橄榄油…2大匙

芥末粒…1大匙

胡椒…少许

盐…适量

1. 卷心菜的预处理

卷心菜切除菜芯部分，把内侧和外侧的叶片对半分开（参看本页小贴士）。

2. 焯卷心菜

锅中倒入约8杯水，煮开后加入半小匙盐，放入一半卷心菜（下图），焯烫1~2分钟，捞出放入凉水中冷却，控水后还要进一步吸干水分。另一半卷心菜同样如此处理。

3. 切菜、凉拌

把焯烫过的卷心菜切成3cm见方的菜片，放入碗中，依次加入橄榄油、芥末粒、盐、胡椒拌匀即可。

卷心菜分两回焯烫，这样可以避免大量的凉菜叶放入热水中致使水温下降，从而影响焯菜效果。为了保证菜叶受热均匀，焯菜的过程中最好搅动1~2次。

卷心菜蛋饼

用小号平底锅煎出来的圆形蛋饼，因为加入了足量的卷心菜丝，
变得更加松软喧腾。

材料（2人份）

卷心菜…¼个（250g）
鸡蛋…4个
盐…半小匙
胡椒…少许
橄榄油…1.5大匙

1. 混合卷心菜和鸡蛋

卷心菜切去菜芯部分（参看p.23小贴士），切成细丝。把鸡蛋打碎到盆中，加入盐、胡椒搅拌均匀，然后再放入卷心菜丝，用筷子充分搅拌均匀（图a）。

2. 煎蛋饼

小号平底锅中倒入橄榄油，中火烧热，把步骤1中混合好的菜丝和蛋液倒入锅中，用长筷子稍加搅拌，混合均匀。待边缘部分稍微凝固后，盖上锅盖（图b），小火煎烤5分钟。

3. 上下换面煎烤

熄火，按住锅盖，翻转平底锅，然后把未煎烤的一面从锅盖上滑入锅中（图c），先用中火煎烤1分钟，再改为小火煎4~5分钟。切块装盘。

a

把蛋液和卷心菜充分搅拌，尽量让每一根菜丝都裹上蛋液，最好能搅拌出气泡来，这样煎出来的蛋饼会更加松软。

b

因为蛋饼有一定的厚度，最好盖上锅盖锁住热量，这样才能煎透。

c

锅盖选用里侧是平面的平锅盖，按住锅盖翻转平底锅，这样蛋饼就扣在了锅盖上，然后将蛋饼从锅盖上滑入锅中，继续煎烤4~5分钟。

卷心菜沙拉

1 人份 180 千卡 | 烹饪时间 15 分钟

这是一道百吃不厌的经典款简易沙拉，清淡的调味汁释放出卷心菜自身的甘甜。

材料（2 人份）

卷心菜…¼个（250g）

火腿…3 片

法式沙拉调味汁（参看 p.55）…3 大匙

1. 基础处理

卷心菜切去菜芯部分（参照 p.23 小贴士），切成细丝。火腿先切成 3 等份，再切成与菜丝相配的细条。

2. 凉拌

把调味汁倒入碗中，放入卷心菜和火腿，搅拌均匀。搁置 5~10 分钟，让卷心菜充分入味，待菜丝稍稍变软就可以食用了。

卷心菜猪肉卷

1 人份 290 千卡 | 烹饪时间 20 分钟

猪肉片卷裹卷心菜丝放入烤箱烤制。
猪肉的焦香和卷心菜的脆嫩融为一体，回味悠长。

材料（2 人份）

卷心菜…¼个（200g）

猪腿肉（薄片）…8 片（160g）

A
- 蛋黄酱…2 大匙
- 盐…¼小匙
- 胡椒…少许

蛋黄酱…1 大匙

黑胡椒粒…少许

盐・胡椒…各适量

1. 基础处理

卷心菜切去菜芯部分（参照 p.23），切成细丝，放入盆中，加入混合调料 A 搅拌均匀。

2. 卷肉卷

把猪肉片平摊在案板上，两面撒上少许盐和胡椒。取步骤 1 中卷心菜丝的⅛量放在猪肉片上，从自己身体一侧向外卷裹。按照同样方法卷裹好其余的肉卷。

3. 烤制

把卷好的猪肉卷卷口朝下摆放在烤盘上，肉卷表面涂上蛋黄酱（右图），撒上黑胡椒粒，放入烤箱烤制 10 分钟，直到肉卷表面呈现焦黄色。

使用水果刀等工具在肉卷的肉片位置涂抹蛋黄酱，不用全部都抹开涂满，因为蛋黄酱受热融化后会渗流到其他部位。

黄瓜

黄瓜清脆爽口。加盐揉搓，挤出多余的水分是把黄瓜做好吃的秘诀，而且这样还可以去掉黄瓜的青气，并且节省烹饪时间。

肉末黄瓜

黄瓜的清淡混合肉香裹满舌尖，姜味浓郁，推荐食欲不振时食用这道开胃菜。

材料（2人份）

黄瓜…3根
猪肉末…100g
姜末…1小匙
葱末…1大匙
色拉油…半大匙
酒…半大匙
胡椒…少许
盐…适量

1. 基础处理

黄瓜横切成2~3cm厚的圆片，放入盆中，加入1小匙盐，揉搓均匀，腌制10~15分钟。待黄瓜片变软后用清水稍加冲洗，然后挤干水分（参看本页小贴士）。

2. 炒

平底锅中倒入色拉油，中火烧热，加入肉末搅散翻炒。待肉末变色后，加入姜末和葱末翻炒，炒出香味后加入步骤1中处理好的黄瓜片（参看下图），改为大火猛炒，然后加入酒、盐、胡椒调味，快速翻炒几下即可。

炒出肉末和葱姜的香味后再放入黄瓜。因为是腌制过并挤出水分的黄瓜，所以放入油锅时不会出现噼里啪啦油花四溅的现象。

小贴士：

黄瓜加盐揉搓并挤干水分

1. 把切成圆片的黄瓜放入盆中，加盐并揉搓均匀。搁置10~20分钟，直到黄瓜变软。盐的用量和搁置的时间视切法和分量而定。

2. 用足量清水快速冲洗后，两手紧握黄瓜片挤干水分，或者包在毛巾中挤干水分。

香油拌黄瓜

用盐腌制过的黄瓜丝，加上香油凉拌，味香适口，是副菜、下酒菜中的小极品。

材料（2 人份）

黄瓜…2 根
盐…⅔小匙
香油…1 小匙
A
- 酱油…适量
- 辣椒粉…少许
- 白芝麻…少许

1. 基础处理

黄瓜切成丝，在大碗中加盐揉搓腌制 10 分钟。待黄瓜丝变软后，用清水冲洗，然后挤干水分（参照 p.26 小贴士）。

2. 凉拌

碗中放入步骤 1 处理好的黄瓜丝，均匀淋上香油，再加入混合调料 A 拌匀即可。

1 人份 35 千卡

烹饪时间 15 分钟

韩式黄瓜炒牛肉

加盐腌软的黄瓜与韩式风味腌制的牛肉混炒，既有黄瓜特有的清香又有牛肉的浓郁，让人垂涎欲滴。

材料（2 人份）

黄瓜…4 根
盐…半小匙
牛肉片…100g
A
- 葱末…2 大匙
- 蒜末…半小匙
- 酱油…1 大匙
- 酒…半大匙
- 砂糖…1 小匙
- 辣椒粉…少许

香油…半大匙
白芝麻…半小匙

1. 基础处理

黄瓜先均等切成 4 段，再把每一段纵向切成 4 条，放入碗中，加盐揉搓，腌制 15~20 分钟。待黄瓜变软后，用清水冲洗，捞到滤筐中沥水，最后挤干水分（参看 p.26 小贴士）。

2. 腌牛肉

另取一只碗放入牛肉片，倒入混合调料 A，腌 5~10 分钟。

3. 炒

平底锅中倒入香油，中火烧热，放入腌好的牛肉片翻炒，待牛肉变色后，继续翻炒 1 分钟，然后放入黄瓜条，快速翻炒，最后撒上白芝麻拌匀即可。

烹饪时间 30 分钟

苦瓜

苦瓜是原产于热带地区的葫芦科植物，在日本冲绳地区大量种植，并以冲绳特色料理之名广为人知。苦瓜具有独特的苦味，而这种苦味也正是苦瓜大部分营养价值所在，为了不破坏苦瓜的营养成分，保全其营养价值，多采用炒食或凉拌的方式。

小贴士：

用勺子挖除瓜瓤和种子

苦瓜纵向切成两半，用大号勺子沿着切口处的白色部位挖去瓜瓤和种子。

冲绳炒苦瓜

烹饪时间
15
分钟

冲绳的特色家庭料理之一，加入肉、菜、蛋混合炒制而成。猪肉的醇香和鸡蛋的清香与苦瓜的苦味最相配。

材料（2人份）

苦瓜…1根（250g）
洋葱…半个
猪五花肉（薄片）…100g
香油…半大匙
酒…半大匙
盐…半小匙
胡椒…少许
鸡蛋…2个
鲣节…1袋（5g）

1. 基础处理

苦瓜纵向切成两半，挖去瓜瓤和种子（参看本页小贴士），再横切成4~5mm宽的薄片。洋葱顺着纤维方向切成5mm宽的薄片。猪肉切成3cm大小的肉片。

2. 炒

平底锅中倒入香油，中火烧热，放入肉片搅散翻炒，待肉片变色后，放入苦瓜翻炒。翻炒至苦瓜片均匀沾满香油后，倒入酒和两大匙水（右图），翻炒均匀，然后盖上锅盖焖1~2分钟。接下来放入洋葱翻炒，待洋葱炒软后，加盐，撒上胡椒翻炒均匀。

3. 最后加工

把鸡蛋打在碗中，充分搅拌，然后将蛋液转圈均匀淋浇在锅中，整体大面积翻动，待鸡蛋凝固后盛入盘中，最后撒上鲣节即可。

先炒肉和苦瓜，再加入酒和水焖1~2分钟，是为了苦瓜能尽快熟透。

苦瓜拌咸海带丝

苦瓜略加焯烫即可，保留其清脆的口感。盐海带的咸香慢慢浸入苦瓜中，橄榄油的添加也有效缓解了苦瓜的苦味。

材料（2人份）

苦瓜…半根（120g）
盐海带（市售／切丝）…7g
盐…半小匙
橄榄油…2小匙

1. 基础处理

苦瓜纵向切成两半，挖去瓜瓤和种子（参看p.28小贴士），横向切成薄片。

2. 焯

锅中倒入约8杯水，烧开后加盐，放入苦瓜，焯烫30秒后马上捞出来放进冷水中，待凉透后再挤去水分。

3. 凉拌

把苦瓜、盐海带丝放入碗中混合搅拌，再淋上橄榄油拌匀即可。

苦瓜金平炒

一道大酱风味的金平炒，非常适合做米饭的配菜，亮点就在于苦瓜具有营养价值的苦味。
烹饪时务必盖上锅盖，保证苦瓜充分熟透。

材料（2人份）

苦瓜…半根（120g）
A
- 大酱…1大匙
- 甜料酒…1大匙
- 酒…1大匙
- 砂糖…半大匙

色拉油…1大匙
料汁（参照p.1）或水…3大匙
白芝麻…少许

1. 基础处理

苦瓜纵向切成两半，挖去瓜瓤和种子（参看p.28小贴士），切成4~5cm长、3~4mm宽的细薄片。预先配制好混合调料A。

2. 炒、焖煮

平底锅中倒入色拉油，中火烧热，放入苦瓜翻炒1~2分钟，然后倒入料汁，盖上锅盖焖煮2分钟。

3. 调味

加入预先调配好的混合调料A，翻炒均匀。收汁后，撒上芝麻拌匀即可。

牛蒡

牛蒡具有独特的香气和清脆口感。掌握牛蒡的刮皮技巧、清洗方法以及保证纯正原味的处理方法后就可以挑战各种烹饪方式了！

小贴士：

使用菜刀刮皮

牛蒡的香气和营养价值集中在外皮部位，所以外皮不能削得太厚，轻轻刮去薄薄一层就可以了。可以将刀刃稍倾斜地竖放在牛蒡上，然后沿着刀刃倾斜的方向轻轻刮擦。

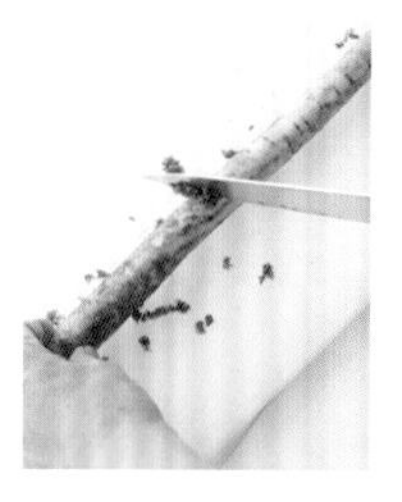

快速冲洗防止变色

牛蒡的切口容易氧化变色，可以每切下一块马上放入水中，全部切完后快速搅拌清洗。注意不要长时间泡在水中，以免散失牛蒡特有的香气。

牛蒡炖牛肉

烹饪时间
30
分钟

这是一道有质有量的美味下饭菜，牛蒡充分汲取了牛肉的鲜美和汤汁的咸香。

材料（2 人份）

牛蒡…300g
牛肉片…200g
色拉油…1 大匙
酒…2 大匙
砂糖…1 大匙
甜料酒…3 大匙
酱油…3 大匙
白芝麻…1 小匙

1. 基础处理

牛蒡轻轻刮掉一层薄皮（参照左上图的小贴士），斜切成 1cm 厚的片，快速搅拌清洗（参照右上图的小贴士），捞出沥干水分。

2. 炒、炖

平底锅中倒入色拉油，中火烧热，放入牛肉片搅散翻炒。待牛肉变色后，放入牛蒡翻炒。翻炒至牛蒡均匀沾满色拉油后，加入酒、半杯水，煮开后再加入砂糖、甜料酒，盖上锅盖小火炖 10 分钟。

3. 最后加工

加入酱油翻炒均匀，敞开锅继续炖 10 分钟，待汤汁基本收干后，撒上白芝麻拌匀即可。

油炸牛蒡胡萝卜丝

足量的牛蒡丝混合胡萝卜丝和鸡肉末，用少量的色拉油煎炸而成。

材料（2人份）

牛蒡…100g

胡萝卜…⅓根（50g）

淀粉…1大匙

鸡肉末…120g

A
- 酒…1大匙
- 酱油…半小匙
- 盐…⅓小匙

色拉油…适量

1. 基础处理

牛蒡刮皮（参照p.30小贴士），切成3~4mm宽的细丝，入水清洗，捞出沥干水分（参照p.30小贴士）。胡萝卜也切成3~4mm宽的细丝。把牛蒡丝和胡萝卜丝放入碗中，加入淀粉拌匀。

2. 加工成形

另取一个搪瓷盆，放入鸡肉末、混合调料A，加入2大匙水混合搅拌，再放入步骤1中裹满淀粉的牛蒡丝和胡萝卜丝搅拌均匀。然后分成6等份，手上稍沾水润湿后把每一份握成一簇（图a）。

3. 油炸

平底锅中倒入约1cm深的色拉油，中火烧热至165~170度，把步骤2中加工好的一簇簇牛蒡胡萝卜丝排放在锅内（图b），小火煎炸3~4分钟，待颜色炸成金黄色后上下翻转，把另一面也炸成金黄色。

备注：165~170度油温的判断标准是取一双长筷子，用水沾湿再用抹布擦干，然后插入油锅中，筷子周围有细小气泡产生。

a

把牛蒡丝、胡萝卜丝、鸡肉末用手握成一簇。把手沾水润湿是为了防止肉末粘在手上。

b

入锅时，如果用筷子夹取容易导致成形的菜团散开，最好用手拿着放入锅中。小心轻放，防止烫伤。

凉拌牛蒡丝

先期使用调味汁入味，后期用蛋黄酱进一步调味，醇厚浓郁，两度调理大大提高了美味指数。

材料（2人份）

牛蒡…200g

A
- 醋…半大匙
- 盐…少许

法式沙拉调味汁（参照p.55）…1大匙

B
- 蛋黄酱…2大匙
- 盐・胡椒…各少许

1. 牛蒡的预处理

牛蒡刮皮（参照p.30小贴士），切成3~4mm宽的细丝，入水清洗（参照p.30小贴士），捞出沥干水分。

2. 焯牛蒡丝

锅中倒入8杯水，烧开后加入混合调料A，再放入牛蒡丝。再次开锅后，用中火焯烫3分钟，捞到滤筐中沥干水分。

3. 拌制

把沥干水分的牛蒡丝盛到碗中，加入法式沙拉调料汁拌匀。待凉透后再加入混合调料B调味。

料理笔记…❷

玩转削皮刀和擦菜板

有了削皮刀和擦菜板，就可以轻松完成削皮、切片、擦丝等工作。在成长为厨房达人的征程上，这两个小工具会不断带来惊喜!

削皮刀

把削皮刀的刀刃对准瓜果的外皮，快速拉动就可以整洁匀称地削除外皮。同样，也可以用它来进行切薄片的工作，会带来不同于菜刀切出来的美妙口感。

〈 削皮 〉

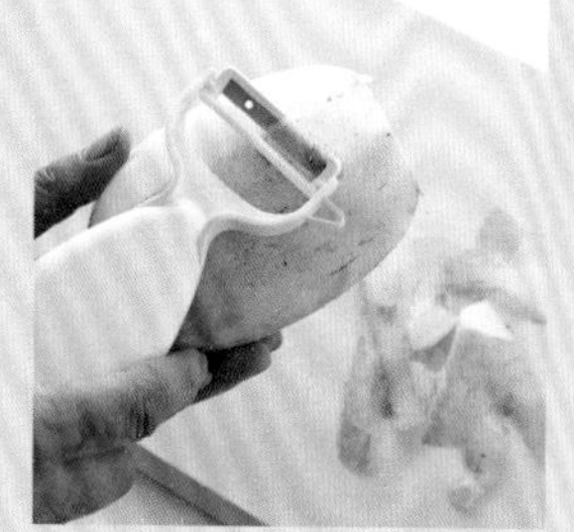

莲藕的皮质比较坚硬，使用削皮刀竖着往下拉就能轻松搞定了。

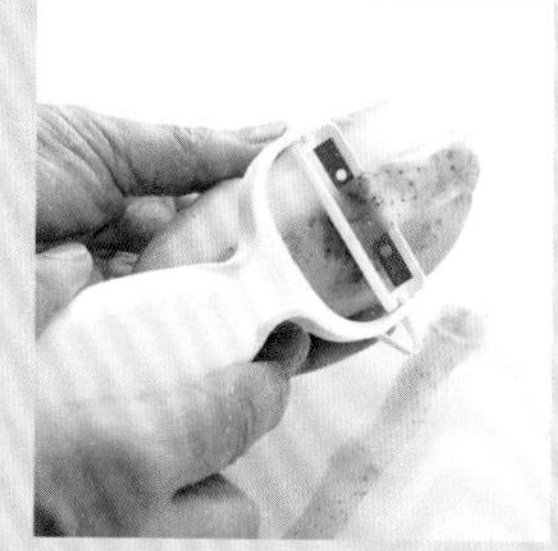

表面比较光滑的土豆，最适合使用削皮刀削皮。

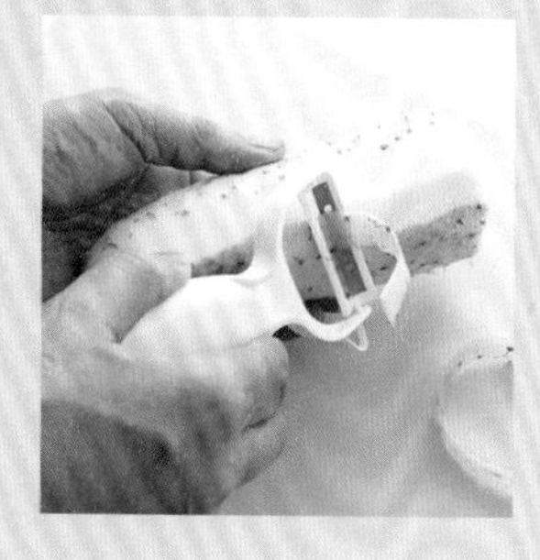

滑溜的山药使用削皮刀刮皮比较方便。

〈 带状薄片 〉

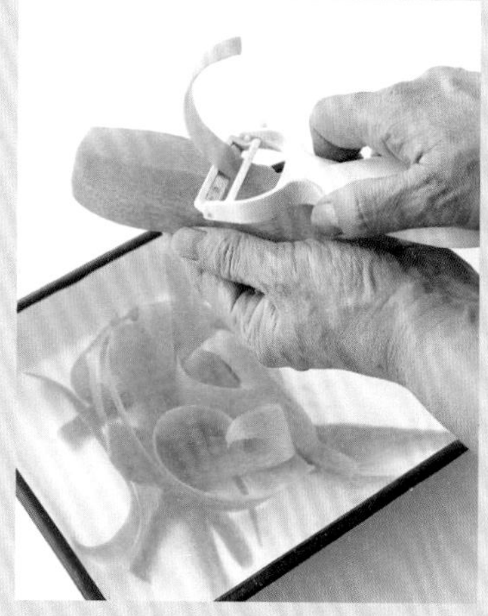

削除外皮后，转动胡萝卜，继续用削皮刀以削皮的方式刮削果肉，可以削出整齐匀称的灵动飘带状薄片。削到胡萝卜实在拿不住的时候，再换用菜刀切成薄片。

这些漂亮的带状薄片可以做成养眼的沙拉。带状薄片更易汲取料汁的鲜美，滑脆爽口。（做法参照 p.73）

擦菜板

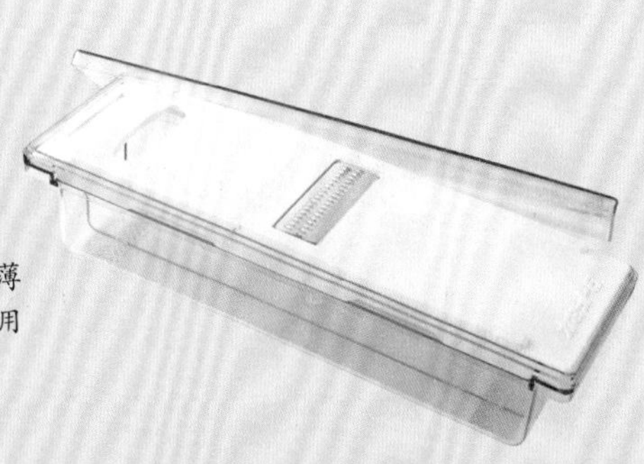

顾名思义，擦菜板就是通过使用不同形状的刀口把蔬菜瓜果擦成薄片或细丝的厨房小用具，极薄的片和极细的丝也能瞬间搞定。使用前要仔细阅读说明书，正确操作以免受伤。

〈 擦片 〉

用擦菜板把芜菁擦成薄片，即使带着少许茎叶也照样可以顺畅地擦出薄片来。

蜷曲动感的薄片带来视觉的新奇感和脆爽的口感。

可以做成芜菁火腿沙拉。（做法参照 p.17）

〈 擦丝 〉

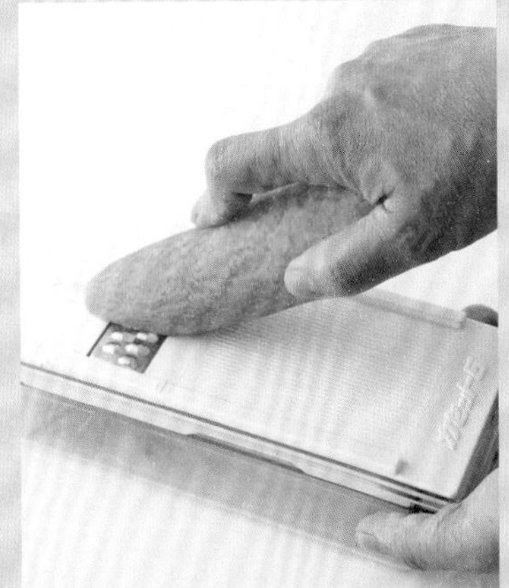

把削过皮的胡萝卜倾斜擦过刀口，就可以获得粗细匀称的胡萝卜丝。通过改变胡萝卜的倾斜度，可以调整胡萝卜丝的长短。

擦出来的胡萝卜丝表面有轻微的凹凸，这样更易吸收调味料的味道，适合炒制或拌沙拉。

白萝卜沿着纤维方向擦成丝，适合做沙拉或当生鱼片的配菜。

甘薯

甘薯俗称地瓜，外皮呈鲜艳的紫红色，口感软糯。料理甘薯时重在保持其纯正的原色原味，而且还要注意根据烹饪方式决定甘薯的切法和调味方法。

小贴士：

仔细清洗外皮

甘薯多带皮吃，所以务必仔细清洗干净。可以泡在水中，使用炊帚等工具刷掉表面的泥土和杂质，但要注意把握好力度，以免用力过大损伤外皮。

糖醋甘薯炒鸡肉

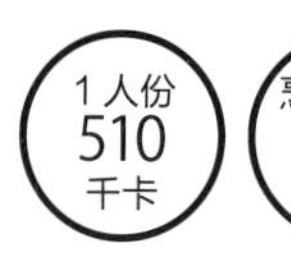

酸酸甜甜的糖醋味与甘薯的甘甜非常和谐，鸡脯肉裹上淀粉煎烤后滑腻可口。

材料（2人份）

甘薯…1个
鸡脯肉…（小）1片（200g）
芸豆…60g
淀粉…适量
A ┌ 醋…3大匙
  │ 水…2大匙
  │ 砂糖…1大匙
  └ 盐…半小匙
色拉油…适量

1. 基础处理

仔细清洗干净甘薯（参看本页小贴士），带皮切成薄薄的不规则形状的滚刀块，下水冲洗后沥干水分。芸豆去蒂切成3~4cm长的段。鸡脯肉先纵向对切，然后斜削成1cm宽的片，薄敷上一层淀粉。调配混合调料A。

2. 蒸烤甘薯

平底锅中倒入半大匙色拉油，中火烧热，放入甘薯翻炒，待色拉油均匀裹满每块甘薯后，改成小火，盖上锅盖干蒸5分钟，其间要不时开盖翻动一下以免粘锅。加入芸豆继续蒸烤2分钟，熄火盛到盘中。

3. 煎烤鸡肉

平底锅中再次倒入半大匙色拉油，中火烧热，把鸡肉片排放在锅中，煎烤1分钟，上下翻转鸡肉片，煎烤另一面约1分钟，然后盖上锅盖用小火继续煎烤1分钟。

4. 混炒

把步骤2中蒸烤好的甘薯块放入锅中，改为中火，快速翻炒。回转浇淋上混合调料A，翻炒均匀即可。

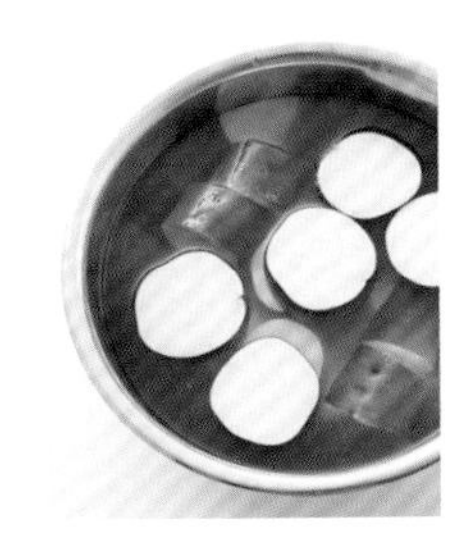

小贴士：

入水浸泡

不管是煮甘薯，或是与其他菜类、肉类一起炖，还是做甘薯焖饭，都要把甘薯在清水中泡 5~10 分钟，然后倒掉泡出来的浑水，换用清水冲洗干净，这样既可以防止甘薯氧化变色，还可以去除甘薯的涩味。

日式煮甘薯

甘薯切成厚圆块煮透，充分汲取了汤汁的咸甜鲜香，非常适合当作便当的配菜。

材料（2 人份）

甘薯…（小）2 个（300g）

甜料酒…2 大匙

砂糖…1 大匙

酱油…1.5 大匙

1. 基础处理

甘薯清洗干净（参看 p.34 小贴士），带皮切成 3cm 厚的厚圆块，入水浸泡 5 分钟（参照右上角小贴士），沥干水分。

2. 煮

把甘薯块放入锅中，倒入 1 杯水，中火加热。开锅后，加入甜料酒、砂糖，盖上锅盖，调成小火煮 6~7 分钟，然后加入酱油，继续煮 7~8 分钟，直至甘薯熟透。

银鱼甘薯焖饭

与米饭一起煮出来的甘薯香甜软糯，小银鱼的海鲜味更加衬托出甘薯的甘甜。

材料（2 人份）

甘薯…1 个（250g）

大米…360 毫升（2 盒）

小银鱼干…40g

A［酒…2 大匙
　 盐…⅔小匙

备注：小银鱼干选用柔软的。

1. 淘米、浸泡

大米淘洗干净，放在滤筐中搁置 20~30 分钟沥干水分，然后倒入电饭锅的内胆中，对照着刻度标识加入适量的水，浸泡 20 分钟左右。

2. 甘薯的预处理

甘薯清洗干净（参照 p.34 小贴士），带皮切成 1cm 厚的圆块，然后把每个圆块再切成 4 等份的小块，入水浸泡 5~10 分钟（参照右上角小贴士），最后沥干水分。

3. 焖米饭

把混合调料 A 均匀淋到步骤 1 中浸泡的米饭中，然后铺上小银鱼干，再放上甘薯块（右图），开始焖蒸。米饭蒸好后，稍加搅拌即可。

先把小银鱼干均匀铺在大米上，然后再放上甘薯块。

芋头

芋头带有一种特殊的黏液，通常是加盐揉搓吸出黏液冲洗干净后再烹饪，口感软糯黏糊。常见的做法是把芋头煮熟了吃，除此之外，还可炒食、煲汤、做点心等，各种料理方式都很美味。

芋头炖牛肉

芋头和牛肉搭配，先炒再小火慢炖，芋头充分吸收了牛肉的鲜美和汤汁的醇香。

材料（2 人份）

芋头…6~8 个（500g）
牛肉片…100g
芸豆…50g
生姜（薄片）…3 片
色拉油…半大匙
酒…1 大匙

A
- 料汁或者水（参照 p.1）…1 杯
- 甜料酒…2 大匙
- 酱油…2 大匙
- 砂糖…半大匙

盐…适量

备注：芋头去皮后约重 400g。

1. 基础处理

芋头去皮后放入盆中，撒上半大匙至 1 大匙盐，轻轻揉搓，冲洗干净沥干水分（参照本页下部小贴士）。芸豆去蒂切成 3~4cm 长的段。生姜片切成细丝。

2. 炒、炖

平底锅中倒入色拉油，中火加热，放入牛肉片搅散翻炒。待肉片变色后，加入姜丝快速翻炒，放入芋头，翻炒至芋头均匀沾上色拉油后，倒入酒和混合调料 A 翻炒均匀。煮开后改为小火，盖上锅盖炖 20 分钟左右，直至芋头熟透变软，中间要不时用锅铲来回翻动几下，以使芋头均匀吸取汤汁。

3. 最后加工

炖芋头和牛肉的期间，另取一只锅，加入 4 杯水，烧开后加入¼小匙盐，放入芸豆搅拌均匀。再次开锅后继续煮 1 分钟，然后把芸豆捞出沥水。沥干水分后，放入炖芋头和牛肉的锅中，一起炖 1~2 分钟即可。

1 人份 360 千卡

烹饪时间 40 分钟

小贴士：

纵向削皮

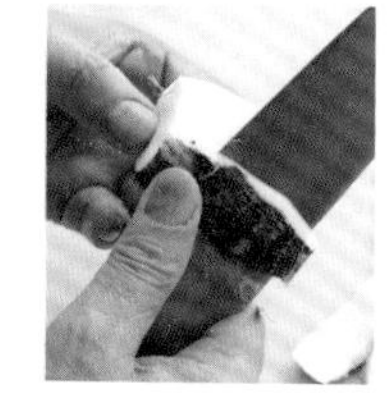

把芋头上下两端切掉 5mm 至 1cm，从切口处纵向削皮。削皮时，顺着芋头侧面的突起，尽量均匀地分 6~8 刀把外皮削去，这样削出来的芋头比较美观。

加盐轻揉，去除黏液

1. 把削好的芋头放入盆中，撒上半大匙至 1 大匙盐，轻轻揉搓每一个芋头，可以看到芋头表面有黏液渗出。

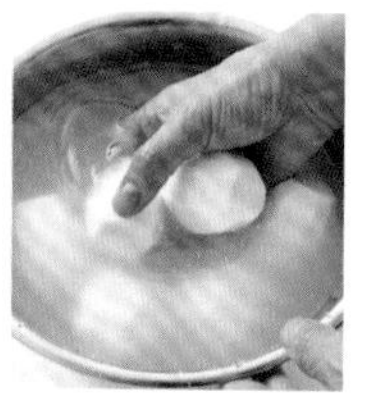

2. 盆中加入足以漫过芋头的清水，清洗其表面的黏液，换水充分清洗干净后沥干水分。

芋头炒猪肉

这是一道开创芋头新做法的创意美食。
圆圆的芋头片蒸烤得外焦里糯，
充分吸收了猪五花肉的浓香。

材料（2人份）

芋头…6~8个（500g）
盐…半大匙至1大匙
猪五花肉（片）…100g
色拉油…半大匙

A
- 酒…1大匙
- 盐…⅓小匙
- 胡椒…少许

备注：芋头去皮后约重400g。

1. 基础处理

芋头去皮后轮切成1cm厚的圆片，加盐揉搓，清洗干净后控水（参看p.36小贴士），再用厨用纸巾吸干芋头表面的水分。猪五花肉切成2cm宽的肉片。

2. 炒、蒸烤

平底锅中倒入色拉油，中火加热，放入肉片搅散翻炒。待肉片变色后放入芋头快速翻炒，然后盖上锅盖用小火干蒸7~8分钟，中间要翻动一次以免粘锅。最后依序加入调料A，翻炒30秒即可。

1人份 340 千卡　烹饪时间 20 分钟

酱香芋头

芋头煮熟后用手捏碎再整形，
顶端抹上调配好的芝麻大酱，一眼看上去像极了可爱的田乐串烤风。

材料（2人份）

芋头…3个（250g）
盐…半大匙至1大匙

芝麻大酱
- 大酱…2大匙
- 芝麻酱砂糖…2大匙
- 甜料酒…1大匙
- 熟芝麻碎（白）…2大匙

备注：芋头去皮后约重200g。

1人份 180 千卡　烹饪时间 40 分钟

1. 芋头的预处理

芋头去皮，横向对切，加盐揉搓，清洗干净后沥干水分(参看p.36小贴士)。

2. 煮芋头

把芋头放入锅中，加入2杯水，中火加热。开锅后改为小火，盖上锅盖煮20分钟。煮熟后捞到滤筐中冷却。

3. 整形、装盘

待芋头凉至微温后，取一条厨用毛巾下水湿透再拧干水分，用毛巾裹住一块芋头揉捏整形（下图）。把整形后的芋头放入盘中，顶端抹上调配好的芝麻大酱即可。

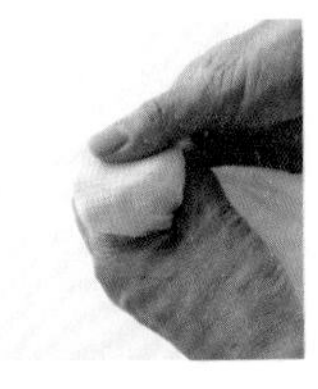

毛巾下水湿透再拧干水分，包裹起一块芋头，一只手紧紧攥住毛巾，一只手的手指上下左右揉捏，先揉捏成芋头泥再整理成想要的形状。

芸豆

芸豆是常见的蔬菜之一，吃起来清脆爽口有嚼头儿，煎、炒、煮、炖皆适宜，颜色翠绿，经常在其他菜中看到它增色添彩的身影。

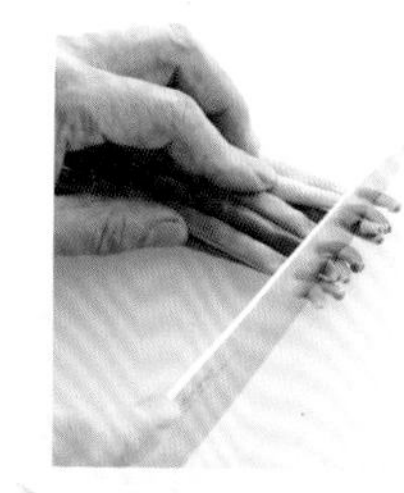

小贴士：

切除蒂部

芸豆顶端带蒂，末端尖细，食用前通常要切除蒂部。一般没有豆筋，如果有的话，捏住一点端部，掐开但不完全掐断，顺势下拉摘除筋丝。

芸豆炒银鱼

先炒再焖煮，所以这道菜既保留了芸豆的嚼劲儿，又充分吸收了银鱼干浓缩的鲜味和料汁的鲜香。

材料（2人份）

芸豆…150g

银鱼干…4大匙（20g）

色拉油…1大匙

A
- 酒…2大匙
- 甜料酒…2大匙
- 酱油…1大匙

备注：选用干燥坚硬的银鱼干，尽可能挑选个头比较大的。

1. 基础处理

芸豆去蒂（参照本页小贴士），横向对切成两段。

2. 炒

平底锅中倒入色拉油，中火烧热，放入芸豆翻炒，待芸豆均匀沾满油后，放入银鱼干，快速翻炒。

3. 焖煮

加入混合调料A以及2大匙水搅拌均匀，稍稍调小炉火，盖上锅盖焖煮5~6分钟。

1人份 140 千卡

烹饪时间 10 分钟

肉末芸豆

芸豆炒熟后，暂且盛出，留待最后再加入，这样避免炒得太过，充分保证了芸豆的清脆口感。肉香中混入了葱姜和调味榨菜的风味，美味指数倍增。

材料（2人份）

芸豆…200g

猪肉末…200g

姜…（小）半块

葱…8cm

榨菜（多味）…30g

A
- 酒…1大匙
- 盐…⅓小匙至半小匙
- 胡椒…少许

色拉油…适量

1. 基础处理

芸豆去蒂（参照p.38小贴士）。姜、葱、榨菜均切成碎末。

2. 炒芸豆

平底锅中倒入2大匙色拉油，中火烧热，放入芸豆翻炒，待芸豆均匀沾满色拉油后，盖上锅盖用小火焖1~2分钟，熄火，盛出待用。

3. 炒肉末、最后混炒

平底锅中再次倒入1小匙色拉油，中火烧热，放入肉末搅散翻炒。待肉末发出噼啪声音时，加入姜末、葱末和榨菜末，快速翻炒。然后依序加入调料A翻炒，最后放入步骤2中炒熟待用的芸豆（右上），快速翻炒均匀即可出锅。

肉末炒熟调味后再放入芸豆，翻炒均匀，让肉末的鲜香裹满芸豆。

香菇

香菇最明显的特征是具有大而肥厚的菌盖。在日常料理中，香菇经常作为配料以配角的身份活跃在各道菜中，但是今天大家可以挑战几道以香菇为主的菜品，尽情享受香菇无与伦比的独特香气和鲜美味道。

小贴士：

分开菌柄和菌盖

烹饪时，有时需要把香菇的菌柄和菌盖分开处理。可以一手捏住菌柄，一手掌控刀尖从菌柄靠近菌盖内侧的位置入刀，分离菌柄和菌盖。

切除菌柄根部

香菇菌柄的根部前端凹凸不平且非常坚硬，烹饪前要切掉这部分，紧挨着往上比较硬的部分也要一并切除。

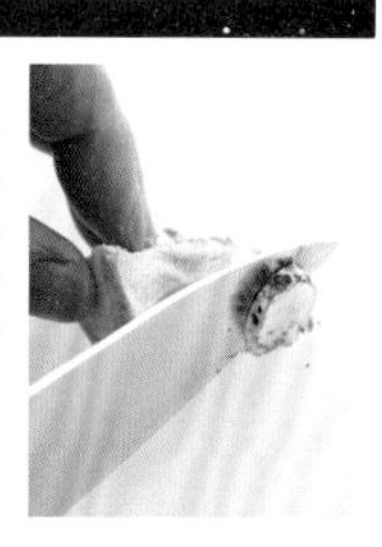

香草面包粉烤香菇

面包粉中混入香菜和培根，塞满香菇的菌盖内侧，用烤箱烤得又酥又脆。最好选用个大、菌肉肥厚的香菇。

材料（2人份）

鲜香菇…（大）6个（120g）
培根…2片
生面包粉…4大匙
香菜末…2大匙
A 盐·胡椒…各少许
A 橄榄油…1大匙

烹饪时间
15
分钟

1. 基础处理

分离香菇的菌盖和菌柄，切除菌柄坚硬的根部（参看本页小贴士）。菌柄切碎，培根也切碎。

2. 制作香草面包粉

面包粉中依次加入切碎的菌柄、培根和香菜末，倒入混合调料A搅拌均匀。

3. 整形、烤制

把香菇菌盖朝下排放在烤盘上，然后把步骤2中制作好的香草面包粉塞入菌盖内侧，尽量多塞，塞得冒尖儿（下图）。然后放入烤箱烤制6~7分钟，直至面包粉呈现焦糖色。

菌盖朝下排放在烤盘上，把面包粉塞满整个菌盖内侧。

香菇

黄油煎香菇

本道菜的美味取决于黄油和酱油的使用，入口瞬间，香味溢满口舌。

材料（2人份）

鲜香菇…（大）6个（120g）
黄油…2大匙
酱油…2小匙
柠檬（月牙形）…1瓣

1人份 100 千卡

烹饪时间 10 分钟

1. 基础处理

香菇切除坚硬的根部（参看p.40小贴士），纵向对切成两半。

2. 煎

平底锅放入黄油，小火加热，待黄油化开后，放入香菇。调大为稍弱的中火，煎烤3~4分钟，其间不时翻动香菇，直至煎软。

3. 装盘

盛入盘中，均匀淋上酱油，再搭配一块柠檬即可。

蛋浇香菇鱼糕

松软喧腾的鸡蛋包裹着细腻嫩滑的香菇，做成盖饭也非常美味。

材料（2人份）

鲜香菇…（大）6个（120g）
柱状鱼糕…（小）2根
鸡蛋…2个
料汁或者水（参照p.1）…半杯

A
- 酒…1大匙
- 甜料酒…1大匙
- 砂糖…1小匙
- 酱油…半小匙
- 盐…⅕小匙

1人份 150 千卡

烹饪时间 15 分钟

1. 基础处理

香菇切除坚硬的根部（参照p.40小贴士），纵向切成1cm宽的片。鱼糕斜切成6mm宽的薄片。

2. 煮

锅中倒入料汁，中火加热，开锅后加入混合调料A、香菇和鱼糕，再次煮开后盖上锅盖，改为小火煮6~7分钟。

3. 盖浇蛋液

鸡蛋打碎，充分搅拌，然后把蛋液回旋浇在香菇和鱼糕上，盖上锅盖焖1分钟，鸡蛋煮成半熟状态即可。

口蘑

口蘑性平，味甘温，炒、炖、做汤均可，做法众多。可以和许多食材混合烹饪，尤其是和豆腐、肉类搭配，口感风味更佳。

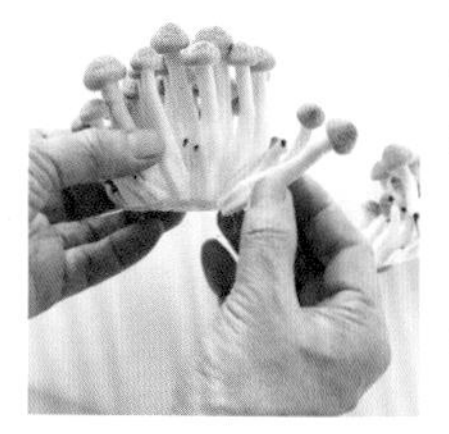

小贴士：

拆分口蘑以便食用

口蘑是群生的，所以切除坚硬的根部后，为了便于烹饪和食用，通常从根部撕开，一般1~2根一组或3~4根一组。

奶香口蘑浇豆腐

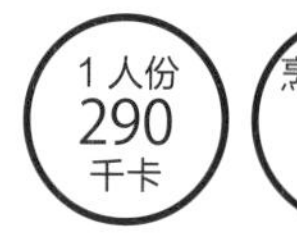

这道菜简单易做，豆腐煎烤后浇上小麦粉混合牛奶煮制出的口蘑料汁，非常美味。

材料（2人份）

口蘑…1袋（100g）
木棉豆腐…1块（300g）
洋葱…（小）半个
色拉油…半大匙
黄油…1大匙
小麦粉…1大匙
A ┌ 牛奶…1杯
  │ 盐…¼小匙
  └ 胡椒…少许
香菜末…少许

1. 基础处理

豆腐放在搪瓷盘中，上面再压上一个搪瓷盘，搁置20分钟（右下），然后一切为二，再把每一块豆腐剖分成厚度相同的两片，用厨用纸巾吸干豆腐表面的水分。口蘑切除坚硬的根部，再拆分成1~2根一组（参照本页小贴士）。洋葱沿纤维方向切成薄片。

2. 煎豆腐

平底锅中倒入色拉油，中火烧热，把豆腐片排放在锅中，煎3分钟后上下翻动，把另一面也煎至全黄色。熄火，盛到盘中。

3. 煮制奶香口蘑汁，盖浇豆腐

平底锅中放入黄油，中火加热融化，先后加入洋葱和口蘑翻炒，炒软后加入小麦粉，翻炒至小麦粉全部融入菜中不再呈现粉末状，然后依序加入A中的调料混合搅拌，改为小火慢慢熬成浓汁，最后撒上香菜末搅拌均匀，盖浇在煎好的豆腐上即可。

豆腐块上压上一个搪瓷盘，起到镇石的作用，既不会压破豆腐又能充分挤压出豆腐中的水分。搪瓷盘可以用其他平底的器皿代替。

口蘑焖饭

烹饪时间 55 分钟

每一粒米中都充溢着肉末和口蘑的鲜香。注意，口蘑最好切成与米饭相配的长短。

材料（2人份）

口蘑…（大）1袋（200g）
大米…360ml（2盒）
猪肉末…100g

A
- 甜料酒…2大匙
- 酱油…2大匙
- 酒…1大匙

姜…（小）半块

B
- 酒…1大匙
- 酱油…1大匙
- 细葱…2根

1. 淘米、浸泡

大米冲洗干净，放在滤筐中搁置20~30分钟，沥干水分，然后放入电饭锅的内胆中，按照刻度添加适量的水，浸泡20分钟左右。

2. 配菜的预处理

口蘑切除坚硬的根部，一切两半，再从根部拆分开（参看p.42小贴士）。肉末放入碗中，加入混合调料A腌制。姜切成细丝，细葱横切成3~4mm宽的碎葱圈。

3. 焖米饭

把调料B倒入大米中搅拌均匀，再加入腌好的肉末、口蘑和姜丝开始蒸煮。米饭蒸好后，在锅中稍加搅拌，盛到碗中撒上葱末即可。

肉末口蘑

这是一道美味的下饭菜，炒得软软的口蘑汲取了鸡肉末的肉香和酱油的鲜美。

材料（2人份）

口蘑…（大）1袋（200g）
鸡肉末…150g
姜…（小）半块
色拉油…1大匙

A
- 酒…1大匙
- 酱油…1.5大匙
- 胡椒…少许

1. 基础处理

口蘑切除坚硬的根部，拆分成1~2根一组（参照p.42小贴士）。姜切成细丝。

2. 炒

平底锅中倒入色拉油，中火烧热，放入鸡肉末搅散翻炒，待肉末变色后加入口蘑、姜丝，稍稍调小一点炉火，不停翻炒。

3. 调味

口蘑炒软后，依序加入A中的调料，重新改为中火，直到把水分炒干。

土豆

日本料理中经常用到的土豆有两种，一种是“男爵”，圆球形状，煮熟后软糯清香，一种是“五月女王”，椭圆形状，加热后不易破裂变形，大家可以根据自己的口味和要做的菜的特点选择合适的品种。春季上市的新土豆特点鲜明，皮薄、水分大。

小贴士：

入水浸泡防止变色

煮、炖土豆时，通常要把土豆事先放在水中浸泡，可以防止土豆氧化变色，也能避免煮得稀烂破碎。一般浸泡 10 分钟左右，倒掉泡得浑浊的水，换用清水快速冲洗。

土豆沙拉

这是一道备受欢迎的经典菜。土豆先煮再蒸干水分，然后加入其他配菜和料汁调味，清淡可口。

材料（2 人份）

土豆…（大）4 个（600g）
法式沙拉调味汁
（参照 p.55）…2 大匙
黄瓜…1 根
洋葱…¼个（50g）
盐…半小匙
火腿…4 片
A 蛋黄酱…3~4 大匙
A 盐・胡椒…各少许

备注：推荐使用“男爵”品种。

1. 切、煮土豆

土豆刮皮后切成 3cm 见方的方块，下水浸泡 10 分钟（参看本页小贴士），捞出沥干水分。然后放入锅中，添加足以漫过土豆的水，中火加热（图 a）。开锅后改为小火，盖上锅盖煮 12~15 分钟。用竹签试着扎一下土豆，如果能一下子轻松扎穿则表明土豆已经煮熟，熄火，捞出沥干水分待用。

2. 蒸干水分、调味

把沥干水分的土豆倒入锅中，小火加热蒸干水分，其间要不停搅拌以免粘锅（图 b）。蒸干水分后盛到碗中，趁热加入法式沙拉调味汁调味，搅拌均匀后自然冷却。

3. 处理各种配菜、拌沙拉

黄瓜轮切成圆薄片，洋葱沿纤维方向切成薄片，放入碗中，撒上盐拌匀，腌制 10 分钟。待黄瓜和洋葱都变软后用清水冲洗，并挤干水分。火腿先切成 3 等份，再切成 8mm 宽的薄片。把以上配菜放入步骤 2 加工好的土豆中，再加入混合调料 A 拌匀即可。

a

煮土豆，务必保证里外皆熟透。

b

蒸干土豆中的水分时，一定要用木铲不停翻动，以免粘锅。待土豆表面呈粉沙状就可以了。

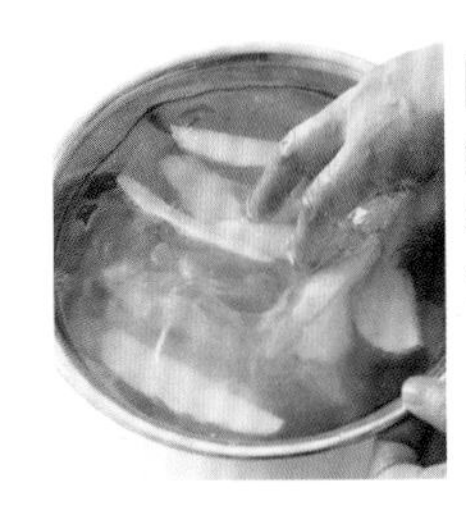

小贴士：

炒、烤土豆时，只需冲洗

炒、烤土豆时，土豆不至于破碎，所以不用入水浸泡，只需在清水里洗一下就可以了。

德式烤土豆

烹饪时间
15
分钟

土豆带皮蒸烤，香味四溢。通过加盖蒸烤和交替使用大小火的方式，使得土豆皮焦里糯，培根酥脆，吃起来妙不可言。

材料（2 人份）

土豆…3 个（350g）
蒜…（小）2 瓣
洋葱…半个（100g）
培根…4 片
橄榄油…1.5 大匙
盐…半小匙
胡椒…少许
香菜末…2 大匙

备注：推荐使用“五月女王”品种。

1. 基础处理

土豆洗净，带皮切成 6 等份的月牙形，用水清洗一下（参看本页小贴士），沥干水分。蒜纵向切成两半，洋葱沿纤维方向切成 5mm 宽的薄片，培根切成 2cm 见方的小片。

2. 蒸烤土豆

平底锅中倒入橄榄油，中火烧热，放入土豆和蒜片快速翻炒，然后改成小火，盖上锅盖干蒸 5~6 分钟，其间要不时翻动以免粘锅。

3. 调味

加入洋葱和培根，改为中火翻炒，待培根烤得焦香、土豆烤出金黄色后，撒上盐、胡椒和香菜末拌匀即可出锅。

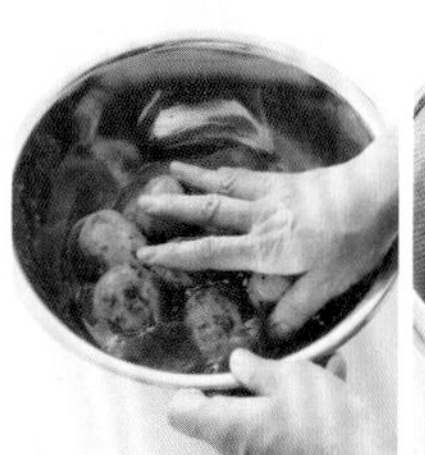

小贴士：

旋转清洗

新土豆多直接带皮食用，所以一定要清洗干净。先用水简单冲洗，然后放入盆中，加入适量的水，基本到土豆一多半的位置，用手按着土豆旋转着清洗，利用土豆和水流的碰撞和摩擦力冲刷掉土豆表皮上的杂质（左图）。如此这般，换水清洗 1~2 次，基本就能清洗干净了，然后捞出沥干水分（右图）。

香烤新土豆

烹饪时间
30
分钟

土豆切成大块，用橄榄油烤得外焦里润，充满蒜香味。

材料（2 人份）

新土豆…（小）8 个（360g）
蒜…1 瓣
橄榄油…2 大匙
香菜…适量
盐…半小匙
胡椒…少许

1. 基础处理

新土豆仔细清洗干净，沥干水分（参照本页小贴士），带皮对切成两半后简单用水冲洗（参看 p.45 小贴士），沥干水分。蒜瓣纵向切成两片。

2. 蒸烤土豆

平底锅中倒入橄榄油，中火烧热，放入土豆和蒜片快速翻炒，然后盖上锅盖改成小火干蒸 15~20 分钟，其间要不时翻动以免粘锅。

3. 煎烤、调味

用竹签扎一下土豆，如果能轻松扎穿，就掀开锅盖，改成中火，把土豆整体煎至金黄色，然后摘取一些香菜叶撒在上面，快速翻炒几下，最后撒上盐、胡椒翻炒均匀即可。

日式肉末炖新土豆

新鲜土豆整个过油炒制后再煮熟，
充分汲取了肉香和料汁的咸香，令人食欲大开。

材料（2人份）

新土豆…（小）8个（360g）
猪肉末…100g
色拉油…1大匙
香菜…适量
酒…2大匙
A ┌ 甜料酒…1大匙
　│ 砂糖…1大匙
　└ 酱油…2大匙

1. 基础处理

新土豆仔细用水洗净，沥干水分（参照p.46小贴士），擦干水后用叉子在表面扎一些小洞，以便更好地入味。

2. 炒

平底锅中倒入色拉油，中火烧热，放入土豆炒2~3分钟，盛出待用。把肉末放入锅中搅散翻炒，待肉末变色后再次放入土豆。

3. 炖

锅中倒入酒、大半杯水，煮开后依序加入A调料，盖上锅盖，小火炖12~15分钟。用竹签扎一下土豆，如果轻松扎透，就改为中火，敞开锅继续炖，直到基本熬干汤汁。

烹饪时间
25
分钟

芝麻醋拌新土豆

新土豆特有的清香甘甜搭配大酱的浓郁，给餐桌添上一道季节的风味。

材料（2人份）

新土豆…（小）6个（270g）
A ┌ 芝麻碎（白芝麻）
　│ …2大匙
　│ 大酱…1大匙
　└ 砂糖…半大匙
醋…1大匙

烹饪时间
40
分钟

1. 基础处理

新土豆仔细洗净，沥干水分（参照p.46小贴士），带皮切成同等大小的4块，用水简单冲洗后沥干水分（参照p.45小贴士）。

2. 煮

把土豆放入小锅中，添加基本没过土豆的水，中火加热，开锅后改为小火煮10~12分钟，然后捞到滤筐中自然冷却。

3. 凉拌

碗中放入混合调料A，倒入醋，溶解化开大酱和砂糖，然后放入土豆拌匀即可。

荷兰豆

翠绿、丰满的荷兰豆，豆荚肥厚、豆粒圆润饱满，加热后带有特殊的清香，清脆利口。

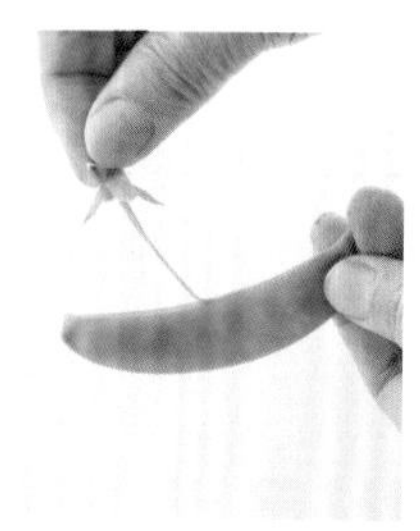

小贴士：

摘除粗大的豆筋

用厨用剪刀在蒂部剪开一个小口，然后捏住豆蒂，顺着边线撕去老筋。按照同样的方法，从切口顶端入手撕除对侧的豆筋。

荷兰豆炒肉

荷兰豆先炒再焖煮，充分煮出了荷兰豆自身的清香甘甜，又易于吸收猪肉片的浓香，色、香、味俱佳。

材料（2人份）

荷兰豆…20~25个（150g）

猪腿肉（片）…100g

淀粉…半大匙

盐…少许

A
- 酒…1大匙
- 盐…⅓小匙
- 胡椒…少许

色拉油…适量

1. 基础处理

荷兰豆摘除两侧的豆筋（参看本页小贴士）。猪肉片切成3cm长短，均匀裹上淀粉。

2. 炒、焖荷兰豆

平底锅中倒入1小匙色拉油，中火烧热，放入荷兰豆快速翻炒，然后加入2~3大匙水（图a），加盐，盖上锅盖（图b），焖煮1分钟，熄火，盛出备用。

3. 炒肉、加入荷兰豆混炒

盛出荷兰豆后，把平底锅冲洗揩拭干净，倒入半大匙色拉油，中火烧热，放入肉片翻炒。待肉片变色后，依序加入调料A翻炒均匀，然后再把荷兰豆放进去，快速翻炒几下即可。

a

荷兰豆快速炒制后，加水焖煮。由于水量比较少，很快就能沸腾了。

b

沸腾后马上盖上锅盖，锁住热量，焖煮荷兰豆。因为事先加了盐，所以荷兰豆有轻微的咸味。

鸡蛋沙司荷兰豆

1 人份 150 千卡　烹饪时间 15 分钟

焯软的荷兰豆依然清脆，精心调配的鸡蛋沙司浓厚醇
香，搭配简单却非常清淡可口。

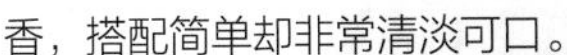

材料（2 人份）

荷兰豆…20~25 个（150g）

盐…半小匙

鸡蛋沙司：
- 鸡蛋…1 个
- 洋葱（切碎）…2 大匙
- 蛋黄酱…2 大匙
- 盐・胡椒…各少许

黑胡椒粒…少许

备注：鸡蛋煮熟冷却至常温再进行调配。

1. 基础处理

把鸡蛋放入小锅中，加入没过鸡蛋的水，大火煮，开锅后改为中火煮 10 分钟，然后浸入冷水中冷却。荷兰豆摘除两侧的豆筋（参看 p.48 小贴士）。

2. 焯荷兰豆

锅中加入 8 杯水，烧开后加入盐，放入荷兰豆焯烫 1~2 分钟，捞到滤筐中马上浸入冷水中冷却，控水后再用厨用纸巾或毛巾吸干水分。

3. 调配鸡蛋沙司、装盘

煮熟的鸡蛋去壳后切碎，盛到碗中，再把其他调制沙司的配料一并放进来，充分搅拌均匀。把沥干水分的荷兰豆摆放在盘中，盖上调配好的沙司，撒上黑胡椒粒。

荷兰豆炖鲣鱼干

荷兰豆稍加炒制后颜色更加翠绿，吃上去更加清脆有嚼头儿，
鲣节片分两次添加，兼具香味和美味。

材料（2 人份）

荷兰豆
…20~25 个（150g）

鲣节…1 袋（5g）

色拉油…半大匙

A：
- 酒…1 大匙
- 甜料酒…2 大匙
- 酱油…1.5 大匙

烹饪时间 10 分钟

1. 基础处理

荷兰豆摘除两侧的豆筋（参看 p.48 小贴士）。

2. 炒、煮荷兰豆

平底锅中倒入色拉油，中火烧热，放入荷兰豆快速翻炒，然后加入 2~3 杯水，依序加入调料 A，再放入半袋鲣节片，盖上锅盖煮 3~4 分钟。

3. 收汁

掀开锅盖，继续煮，直至汤汁几乎熬干，再撒上另外半袋鲣节拌匀即可。

芹菜

芹菜具有特殊的香气和清脆的口感，粗大的主茎既可以生吃也可以熟吃，细小的茎叶通常切碎了食用，同样美味。

芹菜辣炒章鱼

章鱼爪大火爆炒后马上加入芹菜速炒，蒜香和红辣椒的香味交融，颇有传统意大利面的风味。

材料（2人份）

芹菜（粗茎）
…（大）1株（180g）
章鱼爪…80g
蒜…（小）1瓣
红辣椒…半个至1个
橄榄油…1大匙
盐…¼小匙
胡椒…少许

1. 基础处理

芹菜去除硬筋（参看下方小贴士），斜切成3mm厚的薄片，章鱼爪切成圆薄片，蒜瓣同样也切成薄片，红辣椒去除种子横切成3mm宽的辣椒圈。

2. 炒

平底锅中倒入橄榄油，放入蒜片，小火煸炒，炒出蒜香味后放入章鱼爪，改为大火爆炒，然后放入芹菜、红辣椒快速翻炒，最后撒上盐、胡椒调味。

小贴士：

去硬筋

把芹菜粗茎表面突起的硬筋去除后，口感更好。先从芹菜粗茎根部的中心位置往里划一刀，然后从切口处进刀，插到硬筋的下面。

紧紧捏住筋头，顺势往后撕，就可以去除硬筋了。

芹菜沙拉

加入奶油奶酪的浓郁蛋黄酱中隐约露出黄绿色圆滚滚的芹菜块，给人带来美妙的视觉和味觉享受。

1人份 120 千卡

烹饪时间 5 分钟

材料（2人份）

芹菜（粗茎）…（大）1株（180g）

奶油奶酪…30g

蛋黄酱…1.5大匙

盐・胡椒…各少许

备注：冷藏的奶油奶酪需恢复至常温再使用。

1. 基础处理

芹菜去除硬筋（参看p.50小贴士），先切成3等份的长段，再切成1cm见方的小块。

2. 拌沙拉

碗中放入奶油奶酪、蛋黄酱、盐和胡椒，充分搅拌，直到沙拉酱变得滑腻，然后放入芹菜拌匀即可。

酱炒芹菜叶

芹菜细小的茎和叶不要扔掉，同样可以食用。加大酱、砂糖等调料炒制后，咸中带甜，非常适合当作米饭的副菜。

材料（2人份）

芹菜（细茎和叶）…（大）2株的分量（200g）

色拉油…1大匙

大酱…2大匙

酒…1大匙

砂糖…2小匙

白芝麻…1大匙

1. 基础处理

芹菜的细茎横切成薄片，芹菜叶切成1~2cm长（右图）。

2. 炒

平底锅中倒入色拉油，中火烧热，放入芹菜的茎和叶，稍微调大一点炉火，不停翻炒。待芹菜叶变软后，加入大酱翻炒，然后加入酒和砂糖继续翻炒，直到汤汁基本收干，最后撒上白芝麻拌匀即可。

芹菜的叶和细茎筋丝比较多，也比较硬，所以一定要采用切断纤维的方式尽量切得细碎。

保存

炒出来的芹菜茎叶冷却后放入密封盒内，在冰箱中可保存一周左右。

蚕豆

蚕豆在日语中写作“空豆”，因豆荚朝着天空生长而得名。蚕豆在春末夏初上市，每个豆荚里有3~5颗豆粒，形状独特，煮熟后口感软糯。

小贴士：

从豆荚中取出豆粒

取豆粒时一般不用菜刀割开的方式，因为刀刃有可能伤到豆粒。可以两手抓住豆荚两端，轻轻一扭，掰开破裂处就可以轻松取出豆粒了。

剥去豆粒外皮

一手捏住豆粒的底部，另一只手的指甲抠住豆粒上的凹陷处，稍稍使劲抠破，接着再撕开破口，同时捏住豆粒底部的手轻轻往外捏挤，光滑的豆粒就出来了。

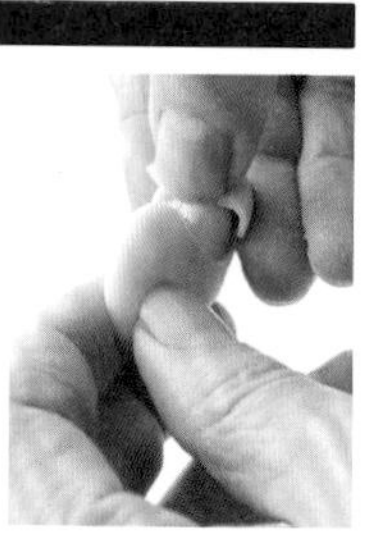

蚕豆炒虾仁

1人份 220 千卡　烹饪时间 15 分钟

蚕豆加油爆炒后香脆可口，搭配虾仁，色美味鲜。为了外观上与蚕豆更相配，最好挑选小个头的虾仁。

材料（2人份）

蚕豆（带荚）…10~12个
虾仁…（小）100g
淀粉…2小匙
葱…12cm
酒…1大匙
盐…¼小匙
胡椒…少许
色拉油…适量

备注：剥去豆荚后的蚕豆粒约重120g。

1. 基础处理

从豆荚中取出蚕豆粒，剥去外皮（参照本页小贴士）。虾仁剔除背上的黑线，洗净沥干水分，然后裹上淀粉。葱横切成1cm宽的小葱段。

2. 爆炒蚕豆

平底锅中倒入1大匙色拉油，中火烧热，放入蚕豆极速爆炒30秒，熄火，盛出待用。

3. 混炒

平底锅中再次倒入1大匙色拉油，中火烧热，放入虾仁翻炒。待虾仁变红后，加入小葱段快速翻炒，淋上酒，然后放入步骤2中爆炒过的蚕豆，撒上盐、胡椒，快速翻炒均匀即可。

烤蚕豆

豆荚烤得焦黑也无妨，这种状态下里面的豆粒才能蒸烤得恰到好处，松软热乎，令人吃得上瘾。

1 人份 30 千卡　烹饪时间 15 分钟

材料（2 人份）

蚕豆（带荚）…6 个

盐…适量

1. 烤蚕豆

把蚕豆排放在烤架上，大火烤制，直到豆荚两面成焦黑状。

2. 装盘

把豆荚盛放在盘中，配上一小碟盐。待豆荚冷却至可用手触碰的热度时，剥开豆荚，夹取蚕豆粒，带皮蘸着盐食用。

蚕豆加吉鱼焖饭

蚕豆剥去外皮，加吉鱼预先腌制，然后和大米一起蒸煮，每一粒米中都充溢着蚕豆的清香和加吉鱼的鲜美海味。

材料（2 人份）

蚕豆（带荚）…10~12 个

加吉鱼（鱼块）…1 块

大米…360ml（两盒）

A
- 酒…1 小匙
- 盐…少许

B
- 酒…2 大匙
- 盐…半小匙

备注：剥去豆荚后的蚕豆粒约重 120g。

1. 基础处理

大米淘洗干净，放在滤筐中搁置 20~30 分钟，沥干水分，然后倒入电饭锅内胆中，按照刻度添加适量水，浸泡 20 分钟左右。加吉鱼块对切成两半，加入调料 A 腌制 10 分钟后，擦干鱼身表面的水分。从豆荚中取出豆粒，并剥去外皮（参照 p.52 小贴士）。

2. 蒸米饭

把调料 B 倒入电饭锅内浸泡的大米中，搅拌均匀，放上加吉鱼块，再把蚕豆粒均匀散落在上面（右图），不用搅拌，开始蒸煮。

3. 最终加工

米饭蒸好后，把加吉鱼块拿出来，去皮剔骨后撕成小块，重新放回锅中，搅拌均匀。注意搅拌时不要把蚕豆粒弄碎。

浸泡的大米中加入 B 调料后要搅拌均匀，但是放入鱼块和蚕豆粒后，就不要再搅拌了，直接开始蒸煮。

1 人份 320 千卡　烹饪时间 1 分钟

料理笔记…❸

美味沙拉的基本

一说到以青菜为主角的菜，大家马上会想到沙拉。为了做出美味的沙拉，大家一定要牢记一些基本事项哦！比如，如何对青菜做预处理才能让沙拉更美味，再比如如何调制出给沙拉增色添香的调味汁等。

要点 1

入水浸泡，清脆爽口

生菜、卷心菜等叶菜类以及适宜切成薄片或细丝的根茎类蔬菜，若下水浸泡，能从切口处吸取水分，从而变得水灵并且清脆爽口。洋葱或葱等有刺激气味的蔬菜，下水浸泡后能减弱其辛辣的刺激气味，口感更柔和。有条件的话，可以在水中加些冰块，冷水浸泡效果更佳。此外，有些青菜下水浸泡后再焯烫一下，会更加美味。

生菜：生菜不宜刀切，适合手撕，撕成片后放入加冰的冷水中浸泡 5 分钟会更加水灵清脆。

洋葱：洋葱沿纤维方向切成薄片，放入凉水或冷水中浸泡 3~5 分钟，能缓解其辛辣的刺激性气味，吃上去更加清脆。

芜菁：用擦菜板把芜菁切成薄片，放入冷水中浸泡 5 分钟，更加清脆爽口。

卷心菜：卷心菜切成细丝，放入冷水中浸泡 5 分钟，更加清脆爽口。即使作为其他菜的配菜烹饪时，也建议提前下水浸泡一下。

要点 2

彻底去除水分

清洗、浸泡过的青菜，要彻底弄干水分，不然会导致拌出来的沙拉水分大、调味汁味道变淡，口感变差。时间紧急的情况下，一些便利的厨房小道具可以帮上大忙。

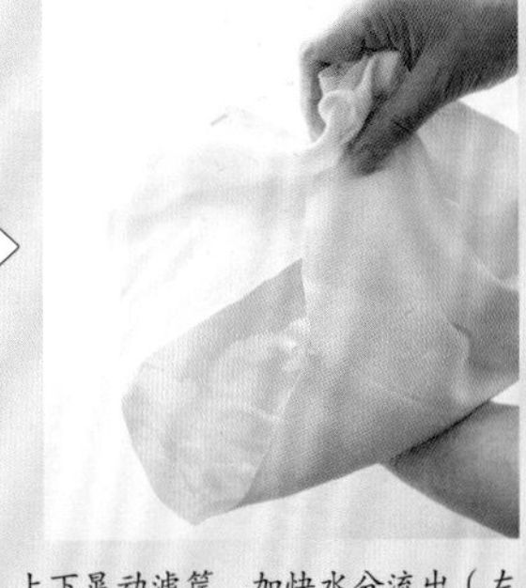

生菜：生菜下水浸泡后，捞到滤筐中，上下晃动滤筐，加快水分流出（左图）。然后取一块干净的毛巾，包裹住生菜，用手拖住底部，上下晃动，让毛巾迅速吸干生菜表面的水分（右图）。

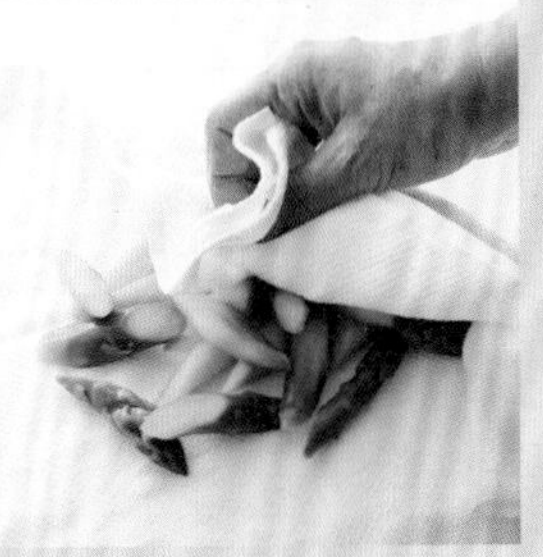

芦笋：芦笋焯烫后放进冷水中冷却，沥干水分后放到干净的抹布上包裹起来，然后从上面轻轻按压抹布，也能让抹布迅速吸干芜菁表面的水分。卷心菜、荷兰豆等也可按此方法处理。

◎便利的沙拉甩干器

沙拉甩干器可以方便快捷地甩干青菜上的水分。手动的甩干器需转动手摇柄，自动的甩干器按下启动钮，里面的甩干篮会高速转动起来，借助离心力把蔬菜上的水分带走。

要点 3

预先配制法式沙拉调味汁

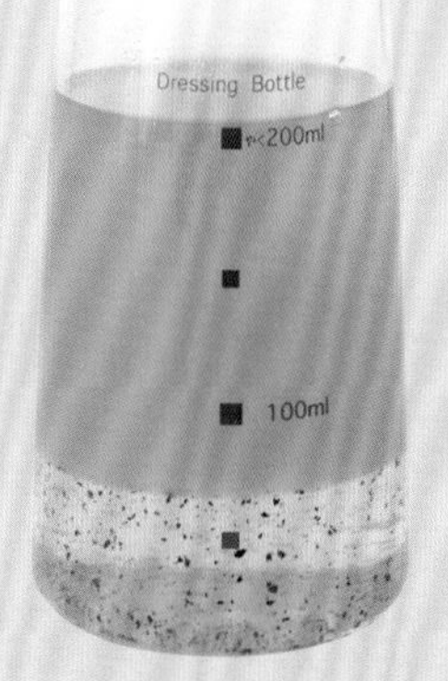

如果家里常备多功能法式沙拉调味汁，只需准备蔬菜就可以轻松制作美味沙拉了。调制时，既可以选用色拉油也可以选用橄榄油。因为制作调味汁时有意控制了盐分，所以拌沙拉时可以根据自己的喜好另外添加盐、香草、香料以及芥末等佐料。

◎法式沙拉调味汁的配制方法

材料（最佳使用期内能够用完的分量）
醋…⅓杯
盐…1 小匙
黑胡椒（粗粒/胡椒粉）…适量
橄榄油（或者色拉油）…⅔杯

1. 碗中倒入醋，撒上盐和黑胡椒，用小号的打蛋器搅拌，直到食盐彻底溶解。
2. 待食盐溶解后，加入橄榄油充分搅拌，直到醋和橄榄油融为一体变成黏糊的状态就可以了。

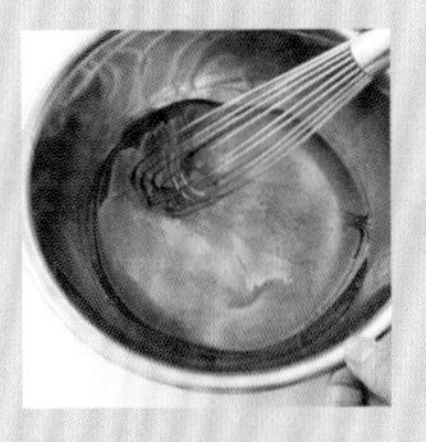

保存：把配制好的调味汁放入密封容器中，常温或放入冰箱冷藏。但是要注意的是，如果使用橄榄油配制，放入冰箱后容易凝固。还要注意，配制好的调味汁最好一周内用完。

也可以使用调料瓶混合

把配料放入调料瓶（上图）或其他空瓶子中，盖紧瓶盖上下晃动，使各种配料充分混合。调味汁搁置一段时间后会出现醋和油分离的现象，使用前要充分摇匀。

萝卜

萝卜吃法多样，可以切成块炖煮，也可以切成丝凉拌，刀法不同、烹饪方法不同会带来不同的口感。虽说一年四季都可以买到萝卜，但还是在应时的冬季，味道最为甘甜可口。

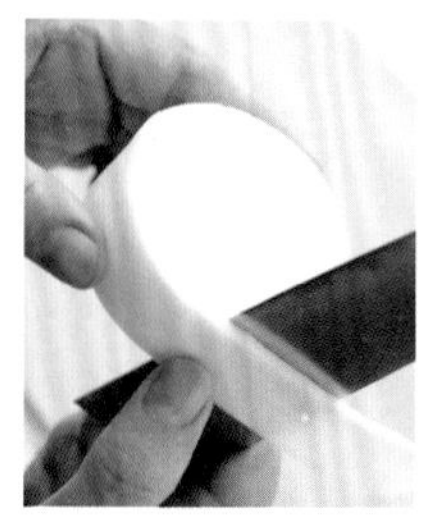

小贴士：

厚削外皮

萝卜如果切成厚块炖煮，最好把皮削得厚一些，这样不仅可以缩短烹饪时间，还可以让萝卜更易入味。先把萝卜轮切成几段，然后用菜刀沿着萝卜段的外侧旋转着削去外皮，这样削出来的萝卜外形比较美观。

1人份 350 千卡 | 烹饪时间 50 分钟

萝卜炖五花肉

切成厚块的萝卜在炖煮的过程中慢慢汲取了五花肉的浓香和汤汁的鲜美。五花肉选用烤肉专用的稍有厚度的肉片，吃起来更有嚼头儿。

材料（2人份）

萝卜…半根（500g）
萝卜茎…半根的分量
猪五花肉片（烤肉专用）…200g
姜…（小）半块
酒…1大匙
红辣椒…1个
色拉油…适量
酒…3大匙
盐…¼小匙
A 砂糖…1大匙
A 甜料酒…2大匙
A 酱油…3大匙

1. 基础处理

萝卜轮切成2.5~3cm厚的圆段，削去外皮（参照本页小贴士），每一段再对切成半月形。萝卜茎切成3~4cm长。姜切成薄片，红辣椒剔除种子。

2. 先烤肉后炖煮

平底锅中倒入色拉油，中火烧热，放入猪肉片煎烤2分钟，然后上下翻动，把另一面也煎烤2分钟左右。放入萝卜块，倒上酒，添加2杯水，放上姜片和红辣椒，煮开后改为小火，盖上锅盖炖20~25分钟。

3. 焯萝卜茎

另取一只小锅，倒入4杯水，沸腾后先加点盐，再放入萝卜茎，中火焯烫1分钟，然后捞到滤筐中沥水。

4. 最后加工

待萝卜煮软后（下图），加入焯烫好的萝卜茎，再加入混合调料A搅拌均匀，盖上锅盖继续炖15~20分钟。

用竹签扎一下萝卜块的中心位置，如果能轻松扎穿就表明萝卜已经炖透了。萝卜炖熟后再加入调料，更易入味。

醋拌红白萝卜丝

胡萝卜比白萝卜切得稍细一些，看上去更协调。
配上柚子皮的清香，酸酸甜甜，清淡爽口。

材料（2人份）

萝卜…12cm（400g）
胡萝卜…4cm（50g）
盐…1小匙
姜…（小）半块
醋…4大匙
砂糖…1大匙
柚子皮（切丝）…少许

1. 切丝

白萝卜轮切成4cm厚的圆段，削去外皮（参看p.56小贴士），再竖着切成6mm的薄片，然后把薄片切成丝。胡萝卜竖着切成5mm的薄片，然后再切成丝。

2. 盐腌

把切好的萝卜丝放入碗中，撒上盐混合搅拌，腌制10分钟，直到萝卜丝变软。

3. 凉拌

挤干萝卜丝中的水分，放到另一只碗中，加入醋、砂糖拌匀，最后再把柚子皮放进去搅拌均匀即可。

鲑鱼萝卜糊

不需要额外添加料汁，咸鲑鱼的鲜美海味和萝卜泥的天然甘甜共同打造出这道味道醇和的汤菜。

材料（2人份）

萝卜…200~250g
咸鲑鱼（鱼块）…1块（100g）
细葱…1根
姜皮…¼块的分量
酒…1大匙
盐…少许
备注：姜皮也可用1~2片姜片代替。

1. 基础处理

咸鲑鱼扒去鱼皮、剔除鱼骨，切成1cm见方的小块。萝卜削去外皮（参看p.56小贴士），擦成萝卜泥（下图）。细葱横切成2~3mm宽的葱圈。

2. 煮鲑鱼

锅中放入鲑鱼、姜皮，添加1杯水，中火加热，开锅后改为小火，倒上酒，盖上锅盖煮7~8分钟。

3. 烹制鲑鱼萝卜糊

捞出姜皮，撒上盐搅拌均匀，然后把萝卜泥带着汁水一起倒入锅内，中火加热，开锅后就可以熄火。把鲑鱼萝卜糊盛到碗中，均匀撒上葱末即可。

擦萝卜泥时要注意切断萝卜的纤维，可以把萝卜紧贴在擦菜器的刀口上以画圆的方式运转。

竹笋

鲜竹笋苦涩味很重，一般焯烫去涩味后再烹饪。为了方便，我们可以买市面上出售的已经做过去涩味加工的竹笋，这种真空包装的竹笋一年四季都可买到，但还是应季的春笋味道最为鲜美。

小贴士：

焯烫后更易入味

即使是真空包装的做过去涩味加工的竹笋，买回来后还是最好再焯烫一下，这样更易入味，而且还可以去掉竹笋横隔间的白色颗粒。这种白色颗粒物属于一种酪氨酸，虽对人体无害，但口感不好。

香煎竹笋

1人份 50 千卡

烹饪时间 35 分钟

竹笋经酱油和甜料酒腌制后，煎烤得酥脆香嫩，最后撒上花椒叶，为竹笋添香加彩。

材料（2人份）

袋装竹笋

…（小）2个（250g）

A 酱油…2大匙
  甜料酒…1大匙

花椒叶…10片

1. 竹笋的预处理

竹笋比较粗的根部轮切成1cm厚的圆片，两面用菜刀轻划上浅浅的格子纹（图a）。竹笋的上半部分切成4等份或6等份的月牙形。锅中倒入足量热水，放入竹笋，开锅后改为稍弱的中火焯烫5分钟左右，其间要不时地搅拌（参照本页小贴士），捞出沥干水分。

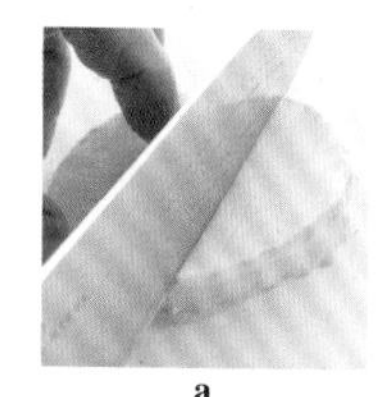

a

为了便于入味，比较粗的根部切成圆片后，两面用菜刀浅浅划上格子纹。

b

竹笋比较难以入味，所以加入调味料后要搁置一段时间，而且在此期间要不时搅拌几下，以便竹笋能够均匀入味。

2. 腌竹笋

把混合调料A倒入盆中，加入焯烫过的竹笋混合搅拌（图b），腌制10~20分钟，为了使竹笋能够均匀入味，要不时上下翻动。

3. 煎烤

花椒叶粗切几刀。平底锅中不用放油，直接放入腌制好的竹笋，中火加热，煎烤4~5分钟。待煎出焦黄色后，上下翻转，继续煎烤3分钟，把另一面也煎至焦黄色。最后撒上花椒叶，粗略翻动几下。

竹笋酿肉

1人份 200 千卡　烹饪时间 45 分钟

把调味肉末塞在挖空的笋窝里，荤素搭配，肉香和竹笋的清香交融，令人“爱不释口”。

材料（2人份）

袋装竹笋…2个（300g）
淀粉…少许
鸡肉末…100g

A
- 葱末…2大匙
- 酒…1大匙
- 淀粉…2小匙
- 酱油…半小匙
- 姜汁…⅓小匙
- 盐…⅕小匙

色拉油…半大匙
酒…2大匙
料汁（参照p.1）…1.5杯

B
- 甜料酒…2大匙
- 酱油…2小匙
- 砂糖…半大匙
- 盐…半小匙

1. 竹笋的预处理

竹笋纵向切开，放入沸水中，再次开锅后改为稍弱的中火继续焯烫5分钟，其间要不时翻动竹笋（参看p.58小贴士），捞出沥水，稍微冷却一会儿，用勺子挖空竹笋，周边约留5mm的厚度（图a）。挖出来的笋肉剁成碎末。

2. 调制馅料，塞入笋窝

盆中放入鸡肉末和剁碎的笋肉，加入混合调料A充分搅拌，然后均分成4等份，团成肉团。在笋窝的内里薄薄敷上一层淀粉，然后塞入调好味道的肉团。

3. 煎烤、炖煮

平底锅中倒入色拉油，中火烧热，把塞入肉末的竹笋肉面朝下排放在锅内，煎烤2~3分钟。待煎烤出金黄色后，把竹笋翻过来肉面朝上，倒上混合调料B，改为小火，盖上锅盖炖煮20分钟，其间要不时翻动竹笋，以便均匀入味。最后再把每一块竹笋纵向对切成两半，即可装盘。

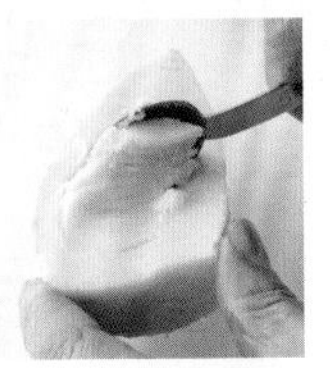

a

挖空竹笋时，周边要留有5mm的厚度。

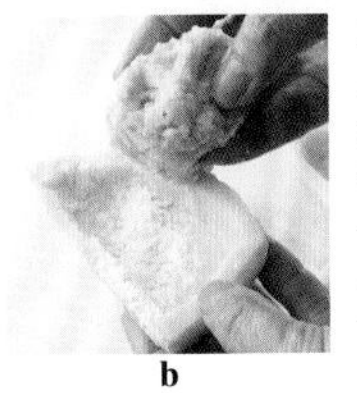

b

塞入肉团之前，先在笋窝的里侧涂抹上一圈淀粉，以免肉团从笋窝脱落出来。塞上肉团后，用手抹平表面。

小贴士：

鲜竹笋的焯烫方法

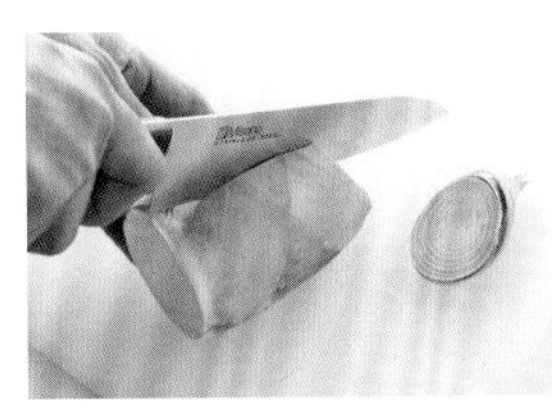

1. 鲜竹笋洗净，切除根部老硬的部分，笋尖斜着切去5~6cm，然后纵向进刀，一切为二。

2. 取一口大锅，加入足量水（约2升），放入一个红辣椒，再加入⅓杯米糠，大火加热。

3. 开锅后，调小炉火煮1.5~2小时，其间要注意调整炉火，不要让热水溢出来。熄火后，就在热水中慢慢自然冷却，待彻底凉透后，用清水洗净竹笋，剥去外皮。

保存

把焯烫并剥去外皮的竹笋放入密闭容器中，加入清水放进冰箱冷藏，可保鲜2~3天。注意每天都要换一遍清水。

洋葱

洋葱是家庭常备菜之一，生吃、炒、煎、炖、煮，几乎适合各种烹饪方法。洋葱生吃清脆爽口，做熟后能够充分释放出糖分，味道更佳。

小贴士：

在水中剥皮

洋葱下水浸泡 10 分钟左右，外皮变软就能轻松剥下来了，而且也能泡掉表面的泥沙等杂质。

培根煎洋葱

洋葱横向厚切，盖锅焖煎，洋葱的甘甜和培根的醇香完美融合，妙不可言。

材料（2 人份）

洋葱…2 个（400g）

培根…4 片

色拉油…1 小匙

盐… ⅓小匙

胡椒…少许

1 人份 230 千卡

烹饪时间 20 分钟

1. 基础处理

洋葱横向对切成两半，上半部分插入牙签固定（图 a），下半部分在葱心的顶端刻十字切口（图 b）。培根也横向对切成两片。

2. 煎烤

平底锅中倒入色拉油，中火烧热，放入培根片快速煎烤，然后拨到一边待用。洋葱切口朝下排放在锅中，煎烤 2 分钟后，改为小火，盖上锅盖继续煎烤 5~6 分钟，然后上下翻转洋葱，把培根片覆盖在洋葱上，调大至中火煎烤 2 分钟，盖上锅盖，再改为小火继续煎烤 5~6 分钟。

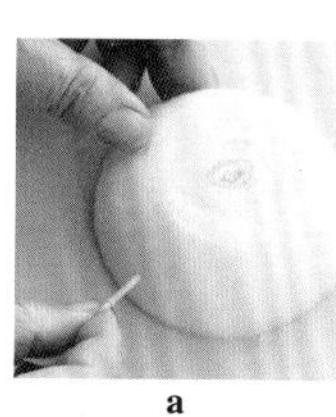

a

为了不让洋葱片散落，上半部分插入牙签固定。下半部分的鳞片在葱心的根部是连在一起的，无需再作固定。

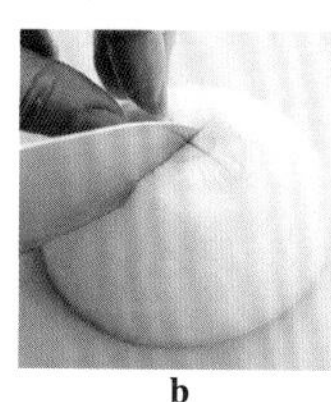

b

葱心部位坚实厚硬，受热比较慢，所以事先在葱心顶部用菜刀划出 1cm 深的十字刻纹。

3. 调味、装盘

用竹签扎一下洋葱，如果能够轻松扎穿，就把培根拿下来，把盐和胡椒均匀撒在洋葱上。撤掉牙签把洋葱和培根摆放在盘中即可。

日式洋葱牛肉沙拉

一道日式风味浓郁的美味沙拉，满满的洋葱丝和牛肉片上点缀着红辣椒和翠绿的紫苏叶，酸酸甜甜中带着大蒜和红辣椒不同风格的辣味。

小贴士：

下水浸泡减弱辛辣气味

切好的洋葱放入冷水中浸泡，可以减弱辛辣的刺激气味，口感更佳，但是也不要泡太长时间，以免洋葱风味全失。还要注意应季的新洋葱辛辣气味并不那么强烈，稍微浸泡一会儿就可以了。

材料（2 人份）

洋葱…1 个
牛腿肉（火锅专用肉片）…150g
西红柿…（小）1 个
紫苏（新鲜）…3~4 片
蒜…1 瓣
姜皮…1 块的分量
葱（葱白部分）…适量
酒…1 大匙
红辣椒…（小）4~5 个

调味汁
- 香油…2 大匙
- 柠檬汁…1 大匙
- 砂糖…1 小匙
- 酱油…1 小匙
- 盐… ⅓小匙至半小匙

备注：如果没有小辣椒，可以用一个普通的红辣椒横向切成 1cm 宽的辣椒圈代替。

1. 蔬菜的预处理

洋葱纵向对切，沿纤维方向切成薄片，放入冷水中浸泡 3 分钟左右（参看本页小贴士），捞出沥干水分。西红柿先纵向对切，去蒂后切成 4~5mm 厚的半月形状。紫苏叶切成 1cm 宽，蒜切成薄片。

2. 涮牛肉片

锅中倒入 4~5 杯热水，沸腾后放入姜皮和葱，中火加热，开锅后马上熄火，加入 1 大匙酒。然后依次放入牛肉片，一次放 2~3 片，肉片变色后马上捞出放进冷水中。按照同样的方法焯烫余下的牛肉片。捞出牛肉片，先用手握去水分，再分散在事先铺在洗菜盆中的纸巾上，吸干水分。

3. 拌制、装盘

把配制调味汁的各种配料倒入碗中，充分混合搅拌，加入蒜片和红辣椒拌匀，然后加入洋葱、牛肉片和紫苏叶搅拌。盘中铺上一圈西红柿片，把拌好的沙拉倒在圈内即可。

西红柿

西红柿色彩娇艳，给我们带来视觉和味觉的双重享受，可以生吃，做熟吃味道更佳。今天我们就来尽情享受一下烤西红柿、炖西红柿的美味吧！

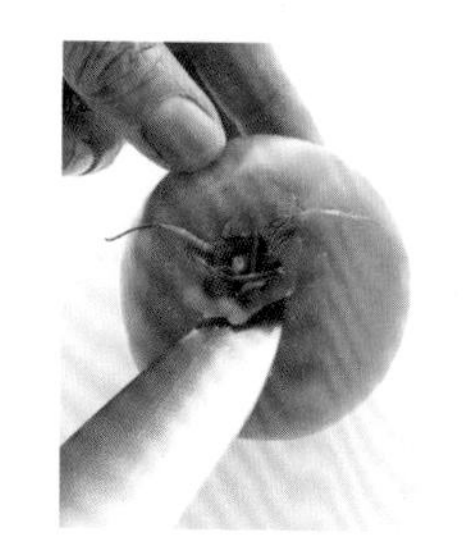

小贴士：

去蒂

西红柿整个或切成圆片烹饪时，刀尖紧挨着果蒂斜着浅浅刺入，然后转动西红柿旋转一周挖除蒂部。如果纵向对切西红柿的话，则从切断面以"V"字形进刀，切除蒂部。

旗鱼面包粉烤西红柿

西红柿横切成两半，放上裹满面包粉的旗鱼块送入烤箱烤制。入口时，酥脆的面包粉混合着西红柿丰富的汁液，美味妙不可言。

西红柿上面放上裹满面包粉的旗鱼。因为面包粉中加入了橄榄油，所以烤出来后香味四溢。

材料（2人份）

西红柿…2个

旗鱼（鱼块）…（大）1块（100g）

盐・胡椒…各少许

蒜香面包粉：
- 生面包粉…6大匙
- 蒜末…半小匙
- 香菜末…2大匙
- 面包粉盐…¼小匙
- 胡椒…少许
- 橄榄油…2大匙

1. 基础处理

西红柿去蒂（参看本页小贴士），把对侧尖端稍稍切去一点，然后横向对切成两半。旗鱼切成1cm见方的小块，撒上盐、胡椒拌匀。

2. 裹面包粉

把面包粉倒入碗中，依序加上其他配料，充分搅拌均匀，然后放入步骤1中处理好的旗鱼块，翻动搅拌，让每个鱼块都裹满面包粉。

3. 盖在西红柿上烤制

西红柿切面朝上排放在烤盘上，盖上裹上面包粉的旗鱼块（左图），送入烤箱烤制8~10分钟，直到烤出金黄色。中间要暂停一下，打开烤箱查看，如果面包粉快要烤焦了，最好盖上铝箔纸再继续烤制。

1人份 240千卡

烹饪时间 20分钟

西红柿咖喱鸡肉饭

不用加水，只用西红柿的汁液煮出来的鸡腿肉，香味醇厚。煮汁用的西红柿切成丁，作为配菜的西红柿切成一口大小。

材料（2~3 人份）

西红柿…5 个
鸡腿肉…（大）1 块（300g）
A ┌ 盐… ⅓小匙
　└ 咖喱粉…1 小匙
洋葱（切碎）…2 个
蒜（切碎）…1 瓣
B ┌ 咖喱粉…2~3 大匙
　│ 香叶…1 片
　└ 红辣椒…1 个
盐…1 小匙
米饭（温热）…2~3 碗的分量
色拉油…适量

1. 基础处理

鸡腿肉切成 4cm 见方的小块，用混合调料 A 腌上。西红柿去蒂（参看 p.62 小贴士），3 个切成 1cm 见方的丁，另外 2 个切成一口大小。

2. 炒洋葱、大蒜

锅中放入 1.5 大匙色拉油，中火烧热，加入洋葱、蒜末翻炒，炒软后盖上锅盖，改为小火焖炒 10 分钟，其间要不断地掀开锅盖翻炒几下。

3. 煎鸡肉

平底锅中倒入半大匙色拉油，中火烧热，把步骤 1 中腌制的鸡肉带皮的一面朝下排放在锅内，待两面煎出金黄色，盛出来放入正在焖炒的洋葱和蒜末中。

4. 加西红柿炖煮，装盘

焖炒的洋葱和蒜末中加入鸡肉后，再加入调料 B 翻炒，炒出香味后，放入切成丁的那部分西红柿，开锅后，加入盐，盖上锅盖小火炖 20 分钟左右。然后再放入剩下的西红柿块，一开锅就可以熄火。盛到盘中，再添加上米饭即可。

料汁浸西红柿

西红柿整个浸泡在料汁中，凉爽可口。为了让西红柿充分吸收料汁的鲜美，务必事先剥去西红柿的外皮。

材料（2 人份）

西红柿…（小）2 个
A ┌ 料汁（参照 p.1）
　│ …2 杯
　│ 甜料酒…1 大匙
　│ 盐… ⅓小匙
　└ 酱油…少许
绿紫苏（切丝）…1 片
姜（擦成姜泥）…少许

1. 基础处理

配制混合调料 A，装入一个足以容得下整个西红柿的容器中。西红柿去蒂（参看 p.62 小贴士），用开水焯烫后剥去外皮（参看下面小贴士）。

2. 浸泡在料汁中冷藏，装盘

把剥去外皮的西红柿放入装有混合调料 A 的容器中，放入冰箱冷藏 2 小时左右。拿出西红柿，均匀分切四刀，注意不要完全切开，然后恢复成原貌再次放入碗中，从切口处灌注料汁，最后再装饰上紫苏和姜泥即可。

1 人份
40
千卡

烹饪时间
10
分钟

小贴士：

开水剥皮法

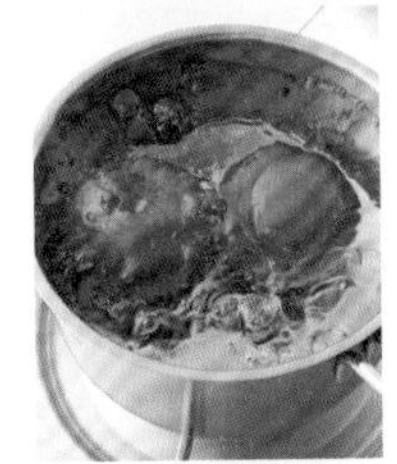

西红柿转圈挖除蒂部，在对侧端划一刀浅浅的刀痕，放入开水中，焯烫 15~30 秒。

外皮一旦开裂卷曲，马上拿出来放入冷水中，顺着开裂卷曲的部分剥去整个外皮。由于在开水中烫过了，外皮很容易就能剥下。

山药

山药营养丰富，生吃清脆爽口，有独特的黏液。烹饪时，可切块切片，也可敲碎，还可擦成山药泥，不同的处理方式带来多样的味觉享受。

小贴士：

不要下水浸泡

山药没有多少杂质，也不易氧化变色，所以削皮后不用下水浸泡，甚至不用再用水冲洗。下水浸泡的话，反而黏液更多，更难处理。

山药炒虾仁

山药充分蒸干水分后，软糯甘甜。淡淡的盐分更加衬托出虾仁的鲜美海味。

烹饪时间 15 分钟

材料（2 人份）

山药…350g

虾仁…100g

淀粉…半大匙

A
- 酒…1 大匙
- 盐…¼小匙
- 胡椒…少许

色拉油…适量

1. 基础处理

上药去皮后切成 4cm 长的山药段，再纵向切成 6 或 8 等份。虾仁剔除背部的黑线，冲洗干净，沥干水分后裹上淀粉。

2. 焖烤山药

平底锅中倒入 1 大匙色拉油，中火烧热，放入山药翻炒几下。盖上锅盖（右图），改为小火焖烤 5~6 分钟，中间要翻炒 1~2 回以免粘锅。熄火，盛出待用。

3. 混炒

盛出山药后，平底锅中再次倒入半大匙色拉油，中火烧热，放入虾仁翻炒，把炉火稍稍调小，待虾仁变成红色后，依序加入调料 A，再放入步骤 2 中焖烤好的山药快速翻炒均匀即可。

山药比较容易烤焦，盖上锅盖后要调成小火，慢慢蒸烤。

橙汁酱油浇山药

山药放入保鲜塑料袋中用擀面杖敲打后，形状大小各异，
入口后既爽脆同时又有黏糊的口感。

材料（2人份）

山药…250g
橙汁酱油
…2~3 大匙
青海苔粉…少许

用擀面杖隔着塑料袋敲打山药，敲打成适宜入口的大小。敲打后的山药断面凹凸不平，更易入味。

1. 敲打山药

山药去皮后对切成两段，再纵向切成4条，放入保鲜袋中，用擀面杖敲打（左图）。

2. 装盘

从塑料袋中取出山药放入碗中，均匀淋上橙汁酱油，最后再撒上青海苔粉。

1人份
80
千卡

烹饪时间
5
分钟

凉爽山药糊

烹饪时间
15
分钟

这道菜的亮点在于西红柿和黄瓜丁的鲜艳配色及清脆的口感。山药本身水分含量大，擦成山药泥后不用加水，稍加调味即可变身美味的山药糊。

材料（2人份）

山药…250g
A
- 盐…⅓小匙
- 胡椒…少许
- 橄榄油…2 大匙

西红柿…¼个
黄瓜…¼根

1. 擦山药泥

山药去皮，用擦菜器擦成山药泥（下图），放入碗中，依序加入调料A搅拌均匀，放入冰箱冷藏。

2. 切蔬菜丁

西红柿和黄瓜都切成5mm见方的丁，混合在一起搅拌均匀。

3. 装盘

从冰箱里拿出山药泥，盛到玻璃碗中，上面再放上蔬菜丁即可。

山药去皮时预留出手拿的一截，没有黏液就不至于手滑，这样可以轻松顺利地完成擦菜泥的工作。

茄子

茄子是十分常见的家庭蔬菜，表面呈醒目的绛紫色，吸油性强，可煎可炒可油炸，不管哪种烹调方式都可做出味道醇和的美味菜肴。

小贴士：

去除蒂和萼片

茄子的蒂部非常坚硬，烹饪时一般要去掉。可以先连带着萼片切除硬蒂，再剥去残留的萼片。

茄子炒猪肉

1 人份 310 千卡

烹饪时间 10 分钟

茄子充分汲取了猪五花肉的油脂，味道浓郁醇厚。火辣辣的大酱风味最配米饭和冰啤酒。

材料（2 人份）

茄子…4 个

猪五花肉（切片）…100g

红辣椒…1 个

A
- 大酱…2 大匙
- 酒…2 大匙
- 砂糖…半大匙

色拉油…半大匙

白芝麻…少许

1. 基础处理

红辣椒斜着切成两段，剔除种子。配制混合调料 A。茄子去蒂（参照本页小贴士），用削皮刀间隔刮去 3 道外皮（右图），切成滚刀块，每个茄子切成 3~4 块。猪五花肉切成 3cm 宽的肉片。

2. 炒

平底锅中倒入色拉油，中火烧热，放入肉片和红辣椒搅散翻炒，待猪肉炒出油分后，放入茄子快速翻炒，盖上锅盖焖烤 3~4 分钟，直到茄子变软，中间要不时上下翻动以免粘锅。

3. 调味、装盘

待茄子变软后，倒入混合调料 A 翻炒均匀。熄火，盛到盘中，撒上白芝麻即可。

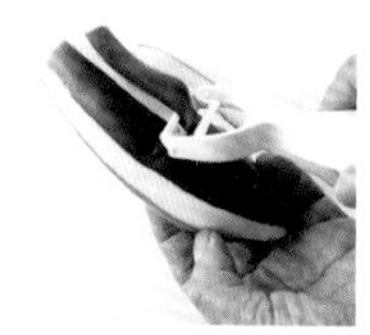

用削皮刀间隔刮去几道外皮，让茄子表面呈条纹状，这样方便茄子入味，也能节省烹饪时间。

煎茄子

使用平底锅就能轻松搞定的煎茄子，色拉油加热至合适温度，盖上锅盖，把茄子煎软，外皮油光铮亮，切面焦香诱人。

材料（2人份）

茄子…3个
色拉油…2大匙
鲣节…1袋（5g）
姜（擦成姜泥）…适量
酱油…适量

1. 基础处理

茄子去蒂（参照p.66小贴士），纵向对切成两半，在外皮上斜着划出一道道切痕（图a）。

2. 煎

平底锅中倒入色拉油，中火烧热，把茄子外皮朝下排放在锅内（图b），盖上锅盖，煎烤3分钟，上下翻动，另一面同样煎烤3分钟。

3. 装盘

把茄子盛到盘中，上面放上鲣节和姜泥，淋上酱油。

凉拌炸茄子

茄子油炸后吸收了大量的油分，加入盐、胡椒、醋等拌制后，吃上去像是用调味汁拌制出来的一样。

材料（2人份）

茄子…4个
西红柿…（小）1个
色拉油…适量
A 盐…¼小匙
胡椒…少许
醋…1大匙
香菜末…1大匙

1. 基础处理

茄子去蒂（参照p.66小贴士），纵向均等切成4条，擦干水。西红柿去蒂切成1cm见方的丁。

2. 炸茄子

平底锅中倒入1~2cm深的色拉油，用稍强的中火加热至180度，放入一半茄子油炸2~3分钟，期间要不时翻动茄子（下图）。待茄子炸软后，捞出来放到大碗中。接着油炸剩下的一半茄子。

3. 凉拌

趁茄子还热时，依序倒入A调料拌匀。待茄子凉透后，再加入西红柿和香菜末，粗略搅拌几下即可。

备注：180度油温的判断标准是将长筷子先用水沾湿再擦干，然后插进油锅中，如果筷子周围有大量气泡翻滚，且伴有噼里啪啦的响声就说明油温达到了180度高温。

待色拉油加热到合适的温度后，把茄子一条一条地小心放入热油中，而且要不时翻动茄子，使其均匀受热。茄子经油炸后会变软，这样更容易吸收调料的味道。

芥蓝

芥蓝长老后开黄色的小花，供食用的是将开未开的花苔、肥嫩的肉质茎和嫩叶，有苦涩味，多在冬春季节上市。芥蓝的花蕾柔嫩，茎和叶爽而不硬，脆而不韧，清淡爽口。

小贴士：

准备一盆水，把芥蓝的根部切除 5mm，然后花苔朝上根部朝下放入水中浸泡 10~20 分钟（左图）。这样，芥蓝从根部汲取水分，嫩叶展开，口感更加爽脆。

芥末酱油拌芥蓝

芥末的辛辣与芥蓝的苦味很相配，柔嫩的花苔充溢着酱油的鲜香。
可以根据个人的口味自由添加或减少芥末的用量。

材料（2 人份）

芥蓝…1 把（200g）

盐…半小匙

A
- 芥末酱…半小匙至 1 小匙
- 甜料酒…1 小匙
- 酱油…1 大匙

1. 基础处理

芥蓝切除根部，立在水中浸泡 10~20 分钟（参看本页小贴士），然后沥干水分，分开茎和叶。

2. 焯芥蓝

准备足量的热水（约 8 杯），加入盐，以先茎后叶的顺序放入芥蓝焯烫一下，捞到冷水中冷却（图 a、b）。冷却后挤出水分（图 c），切成 3~4cm 长短，最后再次挤干水分。

3. 凉拌

碗中依序放入调料 A，充分搅拌，使芥末酱完全化开，然后加入芥蓝搅拌均匀。

a

把芥蓝的茎放入加盐的热水中，轻轻搅动焯烫 1 分钟。

b

用筷子捞出芥蓝茎，放入冷水中冷却，接着把芥蓝叶放入同一锅热水中焯烫 5 秒钟，也捞到冷水中。

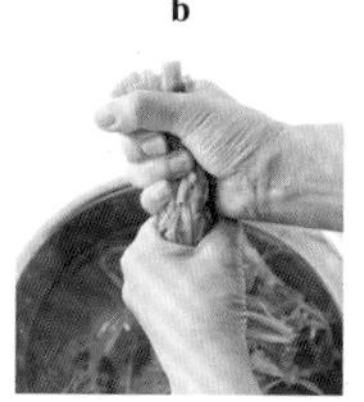

c

把芥蓝根部对齐整理成一束，双手握住芥蓝使其根部朝上，然后轻轻挤出水分。

中式芥蓝炒牛肉

一道中华料理风格的炒菜。保持芥蓝翠绿颜色和清脆口感的秘诀在于炒制芥蓝后暂且盛出来，待牛肉炒熟后再放入混炒。牛肉的咸香配上芥蓝的苦味，别有一番风味。

材料（2~3 人份）

芥蓝…1 把（200g）
牛肉片…150g
淀粉…1 大匙
蒜…1 瓣
盐…少许
A
- 酒…1 大匙
- 砂糖…半大匙
- 胡椒…少许

色拉油…适量

烹饪时间
35
分钟

1. 基础处理

芥蓝切除根部，立在水中浸泡 10~20 分钟（参看 p.68 小贴士），沥干水分后横向对切成 2 段。蒜瓣纵向切成 2 片。牛肉片裹上淀粉。

2. 炒芥蓝

平底锅中倒入半大匙色拉油，中火烧热，放入芥蓝翻炒。待芥蓝均匀沾满色拉油后，添加 3~4 大匙水，撒上盐，盖上锅盖焖 1 分钟（右图）。熄火，盛出芥蓝待用。

3. 炒牛肉片、混炒

冲洗炒过芥蓝的平底锅，擦干水，倒入 1 大匙色拉油，放入蒜片小火煸炒。待炒出香味后放入牛肉片，改为中火翻炒。等牛肉片变色后，依序加入调料 A 翻炒均匀，最后放入步骤 2 中炒制过的芥蓝快速翻炒均匀即可。

盖上锅盖锁住热量，快速炒熟芥蓝。

芥蓝拌火腿

芥蓝的焯烫和拌制方法与芥末酱油拌芥蓝相同，加入火腿后味道更鲜美，颇有主菜的风范。

材料（2 人份）

芥蓝…1 把（200g）
火腿…3 片
法式沙拉调味汁（参照 p.55）…4 大匙
胡椒…少许
盐…适量

1 人份
130
千卡

烹饪时间
30
分钟

1. 基础处理

芥蓝切除根部，立在水中浸泡 10~20 分钟（参看 p.68 小贴士），沥干水分后把茎和叶分开。火腿对切后再切成 1cm 宽的片。

2. 焯芥蓝

与芥末酱油拌芥蓝（参照 p.68）的步骤 2 一样，先把芥蓝焯烫一下，握出水分，切成适合入口的大小后再次握干水分。

3. 凉拌

碗中倒入法式沙拉调味汁，放入火腿片和焯好的芥蓝搅拌均匀。最后撒上盐、胡椒调味。

韭菜

韭菜与细葱、青葱外形相似，但叶子呈扁平状，有独特的香味，熟吃更美味。不过要注意的是，加热过度的话，口感会变得粗糙，快速加热为好。

小贴士：

抖动冲洗泥沙

韭菜根上通常带有泥沙，所以烹饪前务必彻底清洗。清洗时，可以拿着一把韭菜在水中来回抖动，借助惯性和水流抖落冲洗掉泥土杂质。

韭菜鸡蛋饼

先将韭菜快速炒制一下，再混合蛋液，稍微一加热即可。既能保持韭菜的口感又能提升风味，诱人的辛辣令人食欲大开。

材料（2人份）

韭菜…2把（200g）

鸡蛋…3个

A
- 酱油…半小匙
- 豆瓣酱…¼小匙
- 盐…⅕小匙

色拉油…适量

1. 基础处理

韭菜切成3~4cm长。把鸡蛋打在碗中，充分搅拌，再把混合调料A倒入蛋液中，搅拌均匀。

2. 炒韭菜

平底锅中倒入半大匙色拉油，中火烧热，放入韭菜，大火快速翻炒（右图）。熄火，加入步骤1中混合好的蛋液，充分搅拌均匀。

色拉油充分烧热后放入韭菜，从底部往上大面积快速翻炒。用筷子辅助木铲，更容易翻转韭菜。

3. 煎蛋饼

平底锅中倒入1大匙色拉油，中火烧热，将步骤2中混合好的韭菜鸡蛋液一并倒入锅中，大致摊平后大火煎烤。煎烤至半熟程度时，用锅铲均匀切成4块，然后一块一块地翻转过来，改为中火继续煎烤1分钟。

韭菜炒金枪鱼

这是一道简便易做、飘溢着韭菜的香味和金枪鱼的鲜美海味，又保持了韭菜口感的快手小炒。韭菜和金枪鱼都属于过火就熟的食材，所以稍微一炒便能完成。

材料（2 人份）

韭菜…2 把（200g）
金枪鱼（罐头或腌制）…（小）1 罐（80g）
色拉油…1 大匙
A
- 酒…半大匙
- 盐…¼小匙
- 胡椒…少许

1. 基础处理

韭菜切成 3~4cm 长。金枪鱼沥去罐头汁，分解成小块。

2. 炒

平底锅中倒入色拉油，中火烧热，放入韭菜，大火快速翻炒 5 秒钟，加入金枪鱼混炒，依序加入调料 A 快速翻炒几下即可。

1 人份 130 千卡　烹饪时间 5 分钟

韭菜肉末西红柿拌面

炒菜和中式过水面的亲密结合，一口面条吃下去，韭菜的风味和香油的浓香溢满口舌，令人回味悠长。

材料（2~3 人份）

韭菜…1 把（100g）
中式面条（生）…2 团（约 220g）
猪肉末…100g
西红柿…（大）1 个（250g）
色拉油…半大匙
酒…1 大匙
盐…⅔小匙
胡椒…少许
香油…半大匙

1. 基础处理

韭菜切成 8mm 宽的碎片。西红柿去蒂，横向对切成两半，除去种子，切成 1cm 见方的小块。

2. 炒

平底锅中倒入色拉油，中火烧热，放入肉末翻炒。待肉末变色后，加入酒、半杯水，煮开后加入盐、胡椒搅拌，盖上锅盖，改为小火煮 6~8 分钟，直至汤汁基本熬干。加入步骤 1 中处理好的韭菜和西红柿，快速翻炒几下后熄火。

3. 煮面条

大锅中加入足量水（约 2 升），开锅后，散开面条放入沸水中，按照包装袋上的说明煮熟面条。将面条捞到滤筐内放入冷水中冷却，待热度下降后，边用流水冲洗边用手轻轻揉搓，最后彻底沥干水分。

4. 拌面

把沥干水分的面条放入碗中，加入步骤 2 中炒制好的配菜，淋上香油拌匀即可。

1 人份 510 千卡　烹饪时间 20 分钟

胡萝卜

胡萝卜鲜艳的橙红色为我们的餐桌增添了一抹亮色。可以慢慢煮透，品味胡萝卜的香甜；也可以切成细丝，感受胡萝卜清脆的口感……无论怎么烹制都可以享受到胡萝卜的原汁原味。

小贴士：

用削皮刀刮皮

胡萝卜又细又长，使用削皮刀削皮最方便。以这种方式把胡萝卜削成灵动的飘带状，还可以拌制美味的沙拉。削皮时，一手握紧胡萝卜比较粗的一端，另一只手拿着削皮刀贴紧表皮往下拉动。

柠檬胡萝卜炖鸡肉

烹饪时间 35 分钟

由于采用的是焖煮的方式，所以胡萝卜不会煮得稀烂，能够牢牢地锁住甘甜，并且充分汲取了鸡肉的醇香，柠檬汁的加入使得这道菜香而不腻，清淡爽口。

材料（2人份）

胡萝卜…2根（300g）
鸡腿肉…（大）1块（300g）
盐…¼小匙
胡椒…少许
橄榄油…2大匙
生姜（薄片）…3片
香叶…1片
白葡萄酒…3大匙
A 砂糖…1大匙
A 盐…半小匙
A 胡椒…少许
香菜…2根
柠檬汁…2大匙

1. 基础处理

胡萝卜先横向切成两段，再竖着切成两半。除去鸡肉多余的脂肪和鸡皮，均等切成4块，撒上盐和胡椒。

2. 煎、炒

平底锅中倒入橄榄油，中火烧热，把鸡肉带皮的一面朝下排放在锅内，煎烤出金黄色后上下翻转，把另一面也煎出金黄色。然后放入胡萝卜快速翻炒几下，再加入姜片、香叶快炒。

3. 焖煮

把白葡萄酒倒入锅中，转圈倒入小半杯水，煮开后加入调料A翻炒均匀，盖上锅盖（下图），改为小火焖煮20~25分钟左右，其间要不时掀开锅盖翻炒几下。香菜切成小段放入锅中，再倒上柠檬汁搅拌均匀。

盖上锅盖，只用很少的水分焖煮，这样胡萝卜不会变得水分过多淡而无味，而是润软甘甜。

胡萝卜沙拉

胡萝卜用削皮器削成灵动的飘带状，甘甜的味道融合咸味和奶酪粉的香醇，口感爽滑，味道独特。

材料（2人份）

胡萝卜…1根（150g）
嫩叶…30g
法式沙拉调味汁…3~4大匙
盐・胡椒…各少许
奶酪粉…2大匙

1. 基础处理

用削皮器将胡萝卜削成飘带状薄片（参照p.32）。

2. 调拌、装盘

把胡萝卜和嫩叶放入碗中，浇上法式沙拉调味汁，撒上盐、胡椒粉混合搅拌，盛到玻璃盘中，撒上奶酪粉即可。

材料（2人份）

胡萝卜…（大）1根（200g）
红辣椒…半个
色拉油…1大匙
A 甜料酒…1大匙
A 酱油…2小匙
白芝麻…少许

烹饪时间
7
分钟

1. 基础处理

胡萝卜用擦菜板（参照p.33）或菜刀切成细丝。红辣椒剔除种子，横切成4~5mm宽的辣椒圈。

2. 炒制、调味

平底锅中放入色拉油，中火烧热，放入处理好的胡萝卜和辣椒快速翻炒。待胡萝卜丝炒软后，加入混合调料A继续翻炒。汤汁基本收干时，撒上白芝麻拌匀即可。

葱

葱也被称为长葱、大葱、白葱，又白又长，葱白部分柔软，加热后会散发出香味，常被用作佐料，也可以炒制、煎烤或炖煮。

小贴士：

在葱段表面间隔切出刀痕

将葱切成葱段时，在葱段的表面间隔 5mm 切出一些刀痕，这样易于入味也易于食用。这种切法也适用于煎烤或炖煮。

葱烧牛肉

日式牛肉火锅风味的葱烧牛肉。做好这道菜的关键在于提前把葱段煎烤出香味。

材料（2 人份）

葱…3 根（300g）

牛肉片…200g

A
- 酒…3 大匙
- 甜料酒…2 大匙
- 砂糖…1 大匙
- 酱油…2~2.5 大匙

七香粉…少许

色拉油…适量

1. 切葱

在大葱表面间隔 5mm 切出浅浅的切痕，然后切成 3~4cm 长的葱段（参照上面的小贴士）。

2. 煎葱段

平底锅中倒入 1 大匙色拉油，中火烧热，放入葱段，一边翻动一边煎烤 1~2 分钟，熄火，盛出待用。

3. 炒牛肉、混煮

平底锅中再次倒入 1 小匙色拉油，中火烧热，放入牛肉片搅散翻炒。待牛肉片变色后，依序加入 A 中的调料翻炒均匀，盖上锅盖改用小火煮 3~5 分钟，然后放入步骤 2 中煎烤好的葱段继续煮 2 分钟左右，盛到盘中撒上七香粉即可。

烤葱白沙拉

葱白煎烤得外香内软，葱香与清淡爽口的腌泡汁交相呼应。

材料（2人份）

葱…4根（400g）
葱叶…4cm
西红柿…（小）1个
橄榄油…2大匙

腌泡汁
- 橄榄油…3大匙
- 醋…1.5大匙
- 盐…半小匙
- 胡椒…少许

1. 基础处理

大葱均等切成2~3段，葱叶切成碎末。西红柿去蒂，横向对切成两半，剔除种子，然后切成1cm见方的小块。

2. 烤、蒸葱段

平底锅中倒入橄榄油，中火烧热，把葱段排放在锅内，煎烤2分钟左右。煎烤出金黄色后，上下翻动，另一面也煎烤两分钟。盖上锅盖，改为小火干蒸3~4分钟，直到葱段变软。熄火，盛出散热。

3. 加入腌泡汁

待葱段冷却后，切成易于入口的长短，放入密封容器中。把泡菜汁的各种配料充分混合搅拌后浇在葱段上，再加入步骤1中切好的西红柿和葱叶，放入冰箱冷藏30分钟以上。

1人份 680千卡

烹饪时间 20分钟

保存

放入容器中密封起来，再放入冰箱，可以保存2~3天的时间。

葱炒鸡蛋

葱炒软后再混入到蛋液里，所以葱香浓郁，且与鸡蛋融为一体。

材料（2人份）

葱…2根（200g）
鸡蛋…3个
酒…1大匙
盐…⅕小匙
萝卜（擦成萝卜泥）…200g
酱油…少许
色拉油…适量

1人份 300千卡

烹饪时间 10分钟

1. 基础处理

葱斜切成2~3mm宽的葱段。把鸡蛋打在碗里，加入酒和盐，充分混合搅拌。

2. 炒葱

平底锅中加入半大匙色拉油，中火烧热，放入葱段翻炒1分钟，直至葱段变软。然后熄火，把葱段盛放到步骤1打好的蛋液中搅拌均匀。

3. 煎烤、装盘

把平底锅擦拭干净，倒入2大匙色拉油，中火烧热，将步骤2混合好的材料一并倒入锅中。调为大火，大面积翻动蛋液，待蛋液凝固至半熟程度时，用铲子均匀铲切成4块，然后一块一块地翻动。再稍稍调大炉火，煎烤2分钟左右。盛到盘中，添加上稍微挤出水分的萝卜泥，再淋上酱油即可。

料理笔记…❹

常备菜推荐——蔬菜什锦

蔬菜什锦是西洋风味的一种杂烩菜。通常是把茄子、青椒等蔬菜炒制后，再用西红柿汤汁煮，凉吃热吃均可。可以多做一些储存起来，随时拿来充当各式菜品的配菜。

蔬菜什锦的制作方法

材料（易做的分量 / 约 6 人份）

青椒…8 个
秋葵…20 个
西红柿…4 个
洋葱…1 个
蒜…1 瓣
茄子…8 个
橄榄油…5~6 大匙
盐・胡椒…各适量

1. 青椒纵向切成两半，剔除种子，切成 1.5cm 见方的小块。秋葵去蒂，也切成 1.5cm 见方的小块。西红柿去蒂，切成 1cm 见方的丁。洋葱和蒜分别切碎。茄子去蒂，纵向一剖两半，然后切成 1.5cm 见方的小块。

2. 锅中倒入橄榄油，中火烧热，先放入洋葱和蒜末翻炒 5~6 分钟，炒软并炒出香味后放入茄子块，快速翻炒至茄块均匀沾满橄榄油。

3. 再放入青椒和秋葵，翻炒均匀后加入 1.5 小匙盐，撒上胡椒粉，最后放入西红柿搅拌均匀，盖上锅盖，调成小火焖煮 15~20 分钟。

4. 敞开锅盖，改为中火继续煮 5 分钟左右。尝一下味道，根据需要可以再加入盐、胡椒调味。

1 人份 990 千卡　烹饪时间 40 分钟

保存

把做好的蔬菜什锦放入可以密封的容器中，待完全凉透后盖上密封盖，在冰箱中可以冷藏保存 3~4 天的时间。因为使用的是植物性的橄榄油，所以即使冷却后也不会出现油脂凝固的现象，口感也不会变差。

蔬菜什锦的食用方法

蔬菜什锦盖浇鸡肉饼

取两片鸡腿肉，先用盐、胡椒等腌制入味，然后用色拉油煎至两面金黄，切成适宜入口的大小盛到盘中。取出在冰箱中冷藏的蔬菜什锦（制作方法参看 p.76），用微波炉加热后浇在鸡肉饼上即可。（2 人份）

蔬菜什锦荷包蛋

取 200g 蔬菜什锦（制作方法参看 p.76）均分放在两个耐热盘中，中央稍微挖出一个坑洼，取两只鸡蛋分别打在这个凹陷处，撒上盐和胡椒粉，然后送入烤箱烤制 10 分钟左右。取出来，根据个人喜好可以再撒上奶酪粉。（2 人份）

蔬菜什锦吐司

选用常见的通常切成 8 片的家庭主食烤面包，取两片送入烤箱烤得焦香，趁热涂抹上 1 大匙橄榄油，再放上 200g 蔬菜什锦（制作方法参看 p.76），然后淋上 1~2 匙蜂蜜即可。（2 人份）

白菜

厚硬的白菜帮和薄软的白菜叶各有不同的口感。改换切法，或者加盐糅去水分，可以在变化中尽情享受白菜的美味。

小贴士：

带芯分切

带着菜芯烹调时，先把菜芯根部切掉少许，然后从根部插入菜刀纵向切开。

切除菜芯

切掉菜芯烹调时，先把白菜纵向切成四部分，然后从根部两个切面的夹角位置斜着插入菜刀，切除菜芯。

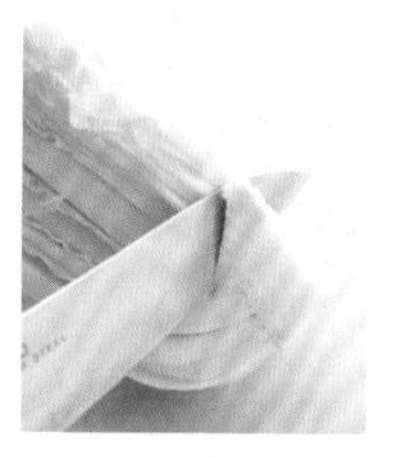

白菜五花肉砂锅

白菜切口朝上排放在砂锅中，这样不仅受热均匀而且外观华美。只用少量汤汁蒸煮而成，白菜松软，味道浓郁醇香。

材料（3~4 人份）

白菜…（小）半个 1kg

猪五花肉（薄片）…300g

酒…4 大匙

橙汁酱油…适量

佐料…适量

备注：佐料由白芝麻、细葱、姜泥、芥末酱等组成。

1. 装锅

保留白菜芯，纵向对切成两半（参看本页小贴士）。过长的五花肉片从中间切开。把猪肉片分层夹到白菜里（图 a），然后根据砂锅的深度切开，切口朝上一圈一圈排放进砂锅中（图 b）。

2. 蒸煮

加入 2 杯水、酒，盖上锅盖，中火加热，开锅后，改用小火蒸煮 30~40 分钟，直到白菜变软。

3. 调味

把芝麻切碎（参照 p.104），将细葱横切成 2~3mm 宽的碎末，生姜擦成姜泥。蒸煮好的白菜夹着五花肉盛到盘中，淋上橙汁酱油，添加佐料。

a

把白菜外侧朝下横放在案板上，从下往上每隔 2~3 片白菜叶并排夹入 2~3 片猪肉，一共大约加入 4 层五花肉片。

b

为了避免白菜散开，往砂锅中排放时要用手捏住，而且要切口朝上。白菜加热后会出水软缩，所以一定要紧密排放，尽量不留缝隙，最后用手按压平整。

1 人份 360 千卡

烹饪时间 50 分钟

白菜炖鸡肉

白菜充分汲取了鸡肉的醇香。厚硬的白菜帮部分煎过之后再炖，受热快而且味道更鲜美。

1人份 360 千卡　烹饪时间 30 分钟

材料（2~3人份）

白菜…（小）1/4棵（600g）
鸡腿肉…（大）1块（300g）
姜…半块
酒…3大匙
甜料酒…2大匙
砂糖…1大匙
酱油…3大匙
色拉油…适量

1. 基础处理

先把白菜按长度切成3等份，再把靠近根部的白菜帮带着菜芯纵向切成4等份，切成月牙形（参照p.78小贴士）。鸡肉均分切成6块。生姜切成薄片。

2. 煎白菜和鸡肉

平底锅里倒入2大匙色拉油，中火烧热，放入切成月牙形的白菜帮部分，改为大火，不时翻动煎烤，熄火盛出待用。锅中再次倒入1小匙色拉油，中火烧热，把鸡肉块皮朝下排放入锅中，以较强的中火煎烤至两面都呈现金黄色。

3. 炖

把煎烤好的白菜帮重新倒入锅中，白菜叶也放进来，混合翻炒后依次加入酒、半杯水、姜片。煮开锅后，依序加入调料A，混合均匀，盖上盖子改为小火慢炖20分钟。最后将白菜芯切下再盛到盘中。

白菜丝苹果沙拉

白菜内侧部分比较柔嫩，生吃也很美味。切成丝与苹果拌在一起，更加衬托出苹果的酸甜脆爽。

材料（2~3人份）

白菜（内侧柔嫩部分）…200g
苹果…半个
法式沙拉调味汁（参照p.55）…3大匙

1人份 90 千卡　烹饪时间 5 分钟

1. 基础处理

白菜切掉菜芯（参照p.78小贴士），切成4~5cm长，然后沿着纤维方向切成细丝。苹果洗净，带皮竖着切成两半，挖除果核后切成细条。

2. 拌沙拉

把白菜丝、苹果条放入碗中，加入法式沙拉调味汁拌匀即可。

辣白菜风味的凉拌白菜

辣白菜是一种中国特色的腌渍白菜。这里选用的是事先加盐揉搓好的白菜，省时省事，直接加甜醋和熟油拌制即成。

材料（2人份）

盐揉白菜（参看本页小贴士）…1/3分量（约200g）

A
- 醋…4大匙
- 砂糖…2大匙
- 香油…1大匙
- 辣椒油…少许
- 姜（切丝）…少许

1. 切盐揉白菜

把盐揉白菜中的水分挤出来（下图），切成5~6cm长短。

2. 凉拌

把混合调料A倒入碗中，加入2大匙水混合搅拌，再放入切好的盐揉白菜拌匀即可。

1人份 120 千卡

烹饪时间 5 分钟

用双手挤出盐揉白菜中的水分。事先挤出白菜中的水分，这样白菜更易吸收调料汁，口感更佳。

小贴士：

盐揉白菜的制作方法（易做的分量）

白菜加盐揉搓、去除水分后味道更醇厚，可以凉拌也可以炒食，吃法多样。

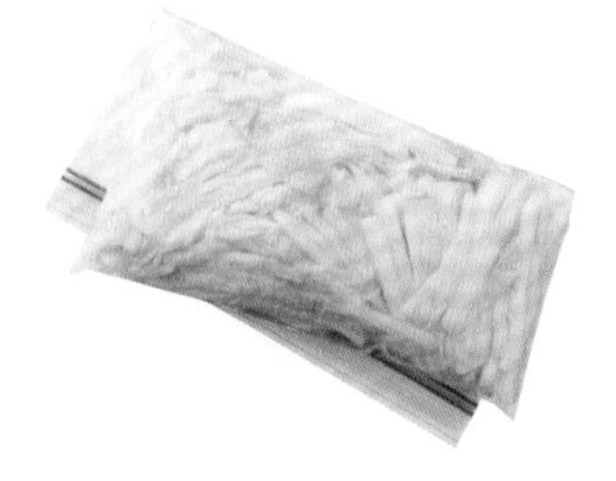

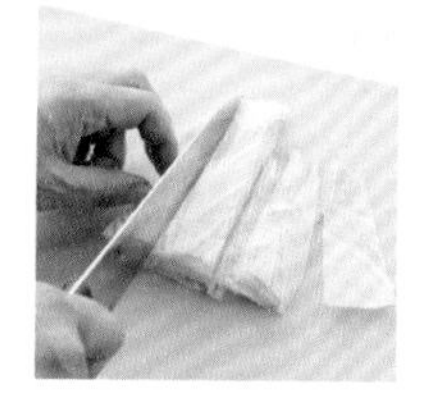

1. 取1/4棵白菜（750g），切掉菜芯（参看p.78小贴士），按长度切成3等份。白菜帮部分沿纤维方向切成1cm宽，白菜叶部分切成2cm宽。

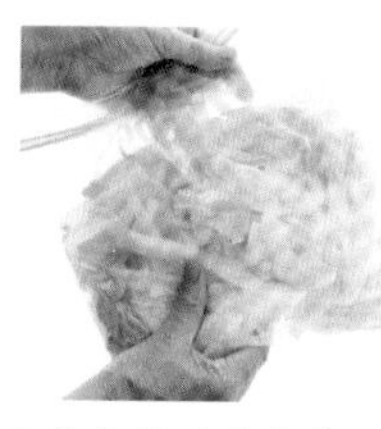

2. 把切好的白菜装入带密封条的塑料袋中，加入1大匙盐（约占白菜总量的2%），隔着塑料袋从上往下揉搓，尽量使盐均匀分布在白菜中。

3. 挤出空气，封严袋口，放在托盘上，另取一只托盘压在白菜上，上面再压上一盆水，常温下搁置1小时左右。

盐揉白菜炒猪肉

1人份
350
千卡

烹饪时间
10
分钟

使用盐揉白菜的话，既可以省却切白菜的麻烦，又可以缩短炒制时间。白菜均匀浸透了盐分，加肉炒出来后，口感更佳。

材料（2人份）

盐揉白菜（参看 p.80）
…1/2 分量（约 320g）
猪五花肉（薄片）…150g
口蘑…一袋（100g）
红辣椒…1个
淀粉…2小匙
色拉油…1小匙
A 酒…2大匙
A 盐・胡椒…各少许

1. 基础处理

挤干盐揉白菜中的水分。切掉口蘑根部，拆分成 1~2 根一组。红辣椒纵向对切，剔除种子。猪肉片切成 2~3mm 长短，裹上淀粉。

2. 炒

平底锅倒入色拉油，中火烧热，放入猪肉片搅散翻炒。待肉片变色后加入口蘑翻炒 2~3 分钟，等口蘑炒软后，依序加入调料 A，最后放入白菜（右图）、红辣椒，混炒均匀。

盐揉白菜一定要在最后放入。因为白菜加盐揉搓后已经变软了，稍微过火翻炒几下就熟了。

青椒

青椒颜色翠绿、水嫩、富有光泽，带有一种独特的苦味。可以生吃，加热后会散发出甜味从而缓解了自身原有的苦味。采用爆炒的方式，口感最佳。

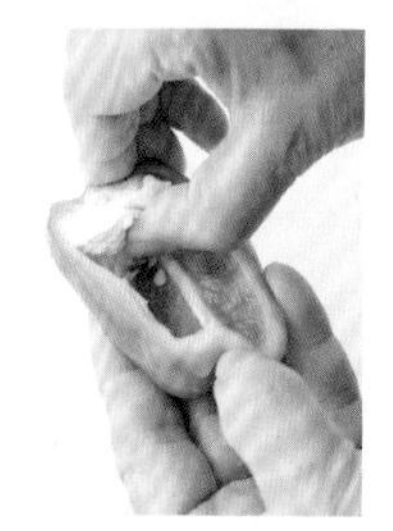

小贴士：

并去除种子和蒂

带着蒂部纵向对切，拇指插入蒂和种子的下面，往上抠，这样可以连种子带蒂部一起摘除掉。然后切口朝下轻轻叩击，利用惯性去除中间残留的种子。

青椒肉丝

烹饪时间
10
分钟

青椒斜切成细条状，下锅爆炒，保留了青椒脆爽的口感。牛肉推荐选用有一定厚度的烤肉专用肉片。

材料（2 人份）

青椒…4~5 个

牛腿肉（烤肉用）…100g

葱…10cm

淀粉…1 大匙

A
- 酒…1 大匙
- 砂糖…1 小匙
- 酱油…1.5 大匙
- 胡椒…少许

色拉油…适量

1. 基础处理

青椒纵向对切成两半，除去蒂和种子（参照本页小贴士），斜切成 6~7mm 宽的长条。葱竖着切成两半，再斜切成 5mm 宽的薄片。牛肉切成 5mm 宽的肉丝，裹上淀粉。

2. 炒青椒

平底锅里倒入 1 大匙色拉油，中火烧热，放入青椒，大火爆炒 30 秒至 1 分钟。待青椒稍微变软后，盛到托盘里待用（右图）。

3. 炒肉、混炒

平底锅中再次倒入半大匙色拉油，中火烧热，放入步骤 1 中切好的牛肉丝搅散翻炒。待肉丝变色后，依序加入调料 A 翻炒均匀，重新放入爆炒过的青椒，再放入葱片，稍加翻炒即可。

先把青椒爆炒一下，盛出待用，等肉丝炒熟后再放入混炒，这样可以避免青椒炒得软烂，失去脆爽的口感。

烤青椒拌鱼糕

这是一道风味独特的拌菜。青椒先用烤箱烤出香味独特的清甜味道，再用蛋黄酱拌制即可。

材料（2人份）

青椒…3个
柱状鱼糕…1根
蛋黄酱…1大匙
酱油…少许

烹饪时间
15
分钟

1. 烤青椒

青椒纵向对切成两半，除去蒂和种子（参照p.82小贴士），然后切口朝下排放在烤盘上，送入烤箱烤制6~8分钟，直到青椒变软。取出稍加散热。

2. 切食材

鱼卷竖着对切成两半，然后斜切成7~8mm宽的细条。散热后的青椒斜切成1cm宽的长条。

3. 拌制

把切好的青椒和鱼糕放入碗中，加入蛋黄酱、酱油拌匀即可。

青椒拌墨鱼

青椒用热水焯烫后，颜色更加翠绿透亮，而且焯烫后不再硬挺，与柔软的墨鱼片融为一体，绿白相应，清淡爽口。

材料（2人份）

青椒…3个
墨鱼（生鱼片专用或者切条）…60g
香油…半大匙
胡椒…少许
盐…适量

烹饪时间
10
分钟

1. 基础处理

青椒纵向对切成两半，除去蒂和种子（参照p.82小贴士），横向切成细丝。墨鱼切成3~4cm长。

2. 焯青椒

锅中倒入大约8杯水，烧开后加入半小匙盐，放入青椒混合搅拌。再次开锅后继续加热10秒钟，然后捞到冷水中冷却，最后挤干水分。

3. 拌制

把青椒丝、墨鱼片放入碗中，加入香油搅拌，最后再加入⅕小匙盐、胡椒粉拌匀即可。

西蓝花

西蓝花主茎顶端形成紧密群集成花球状的群生花蕾。通常把西蓝花分成小朵，或凉拌或炒食。加热食用时要注意烹制方式，一定要保持西蓝花脆嫩爽口的口感。

小贴士：

分成小朵

先切掉 2~3cm 主茎，然后从幼茎的分支处入刀，竖着往下切，连带着主茎部分一起切开，这样分切成一小朵一小朵。

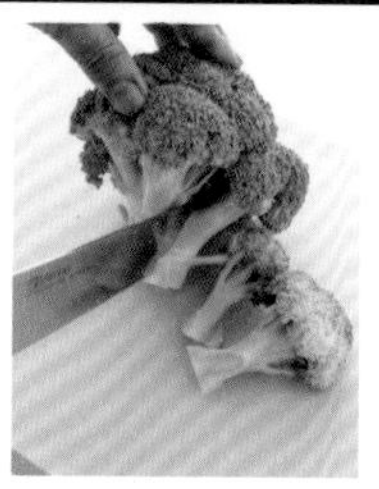

主茎的利用

粗大的主茎同样可以食用，先切除 5mm 至 1cm 老根，然后剥去比较坚硬的外皮，最后以切断纤维的方式斜着切分主茎，以免坚硬的主茎难以做熟。

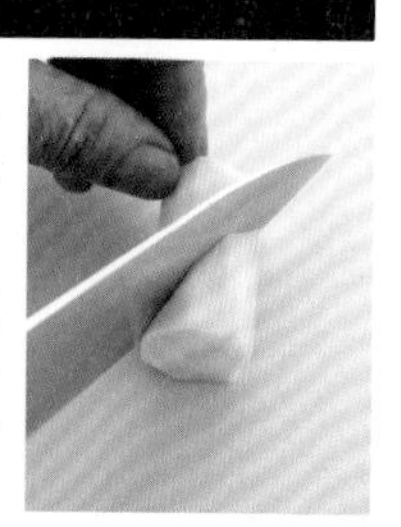

西蓝花乳蛋饼

西蓝花稍加焯烫，放入耐热盘中，浇注上蛋液送入烤箱烘焙即可。化开后的奶酪散发出浓郁的醇香。

材料（2 人份）

西蓝花… ⅔个（200g）
盐…半小匙
鸡蛋…2 个
A
- 牛奶…半杯
- 盐… ⅕小匙
- 胡椒…少许

披萨专用奶酪…50g

1. 分切西蓝花

将西蓝花分切成小朵（参照本页小贴士），如果感觉还是太大，可以继续分切，纵向均匀切成 2~4 部分。主茎剥去厚皮，切成一口大小（参照本页小贴士）。

2. 焯烫

锅中放入足量水（约 8 杯），煮开后先加盐，再放入西蓝花。再次煮开后，用笊篱捞出西蓝花，沥干水分（右图）。

焯烫西蓝花的时候，先放入比较坚硬的主茎，再放入小朵的幼茎和花蕾，开锅后马上捞出来，以保证西蓝花的口感。

3. 制作蛋液

把鸡蛋打在碗中，充分搅拌，然后加入混合调料 A 混合搅拌均匀。

4. 烘焙

将沥干水分的西蓝花排放在耐热盘中，均匀撒满奶酪粉，再浇注上蛋液，送入烤箱。烘焙 10 分钟后，覆盖上铝箔继续烤制 10 分钟，直至乳蛋饼从外到内都烤透。

西蓝花炒培根

西蓝花无需提前焯烫，而是煎炒后再与培根一起炒制，香味浓郁，又能充分享受到西蓝花脆爽的口感。

材料（2人份）

西蓝花…1个（300g）
培根…4片（800g）
蒜…1瓣
橄榄油…2大匙
盐…¼小匙
胡椒…少许

1. 基础处理

将西蓝花分切成小朵（参照p.84小贴士），较大的部分可以再纵切为两半。剥去主茎的厚皮，切成一口大小（参照p.84小贴士）。培根切成约2cm宽的薄片。大蒜纵切为3~4片。

2. 煎炒

平底锅中倒入色拉油，放入蒜片，小火煸炒。待炒出蒜香后，放入西蓝花，调为中火煎炒1~2分钟，直至西蓝花两面均出现金黄色（右图）。然后加入培根，按照同样的炒制方法煸炒2分钟左右，最后撒上盐和胡椒，快速翻炒均匀即可。

将纵向对切成两半的西蓝花小朵切口朝下排放在平底锅中，这样受热快且受热均匀，很快就能煸炒出金黄色。

1人份 320 千卡

烹饪时间 10 分钟

芝麻大酱拌西蓝花

蛋黄酱的添加，给人一种沙拉的既视感。密集群生的柔软花蕾充分吸收了芝麻、大酱的浓郁醇香。

材料（2~3人份）

西蓝花
…（小）半个（120g）
盐…半小匙
A
- 白芝麻碎…2大匙
- 蛋黄酱…2大匙
- 大酱…1大匙

烹饪时间 20 分钟

1. 切西蓝花

将西蓝花分切成小朵（参照p.84小贴士），较大的部分可以再纵切成为2~4等份。剥去主茎的厚皮，切成一口大小（参照p.84小贴士）。

2. 焯西蓝花

锅中放入足量水（约8杯），沸腾后先加盐，再放入西蓝花。再次沸腾后继续焯烫30秒左右，用笊篱捞出西蓝花，沥干水分。

3. 拌制

把A中所示调料放入碗中，充分混合搅拌均匀，然后加入西蓝花拌匀即可。

菠菜

菠菜是一种常见菜，一年四季都可以买到，但冬季是食用菠菜的最好时节。菠菜叶柔嫩，具有淡淡的甜味。菠菜涩味比较重，一般要焯烫后泡在水中去除涩味后再食用，或者不焯烫直接过油炒食也可。

小贴士：

根部刀切十字切口，入水浸泡

切掉一点菠菜的根部，然后从切口入刀以十字形状刻入2~3cm深（左图）。盆中添加足量的水，把菠菜根部朝下放在水中浸泡10分钟左右（右图）。菠菜从根部切口快速汲取水分，茎与茎之间的空隙变大，这样夹杂的泥土自然就脱落了，清洗比较方便，而且浸泡过的菠菜会更加脆嫩。

菠菜猪肉咖喱饭

菠菜不用事先焯烫，切碎后直接与肉馅一起炒制，简便易做。

材料（2人份）

菠菜…1把（300g）
猪牛肉混合肉馅…150g
洋葱…半个
蒜…1瓣

A
- 咖喱粉…2大匙
- 红辣椒（一分为二）…1个
- 香叶…1片

B
- 盐…1小匙
- 番茄酱…2大匙
- 辣酱油…1大匙

盐…少许
米饭（温热）…300g
色拉油…适量

1. 基础处理

菠菜根部切入十字切口，入水浸泡10分钟后清洗干净（参照本页小贴士），沥干水分后切掉根部，然后横切成1cm长。洋葱、大蒜均切碎。

2. 炒肉

锅中倒入1大匙色拉油，中火烧热，倒入洋葱和大蒜翻炒。炒软后，加入肉馅搅散翻炒，等肉变色后加入调料A不停翻炒，直到炒出香味。然后，倒入1杯水，依序加入调料B，开锅后，盖上锅盖，改为小火煮10分钟左右。

3. 炒菠菜

平底锅中倒入1大匙色拉油，中火烧热后放入菠菜，撒上盐，调为大火爆炒，炒软后熄火。

4. 最后加工

把炒好的菠菜放入肉锅中（下图），混合搅拌均匀后继续煮3~4分钟。盛到盘中，添上米饭。

菠菜最后放入。菠菜过油炒制后，涩味消失，而且不会水分太大影响口感。

凉拌菠菜

菠菜拌上香油后，色泽和味道都得到极大的提升。盐味衬托着菠菜的清甜和葱香，清淡爽口。

材料（2~3 人份）

菠菜…（小）1 把（200g）
盐…半小匙
香油…半大匙
葱末…1 大匙
盐… ⅕小匙
酱油…少许
辣椒粉…少许
白芝麻…半小匙

1 人份 35 千卡

烹饪时间 20 分钟

1. 基础处理

菠菜根部切入十字切口，入水浸泡 10 分钟后清洗干净（参照 p.84 小贴士）。

2. 焯菠菜

锅里放入足量水（约 8 杯），煮沸腾后先加盐，再放入半份左右的菠菜，开锅后继续焯烫 15~20 秒，然后捞到冷水中冷却（图 a）。按照同样的方法焯烫剩下的菠菜，最后挤干菠菜中的水分（图 b）。

3. 拌制

把菠菜的水分挤干后，切成 3cm 长放入碗中，均匀淋上香油，再依序加入 A 中所示各种调味料拌匀。

a

用长筷子把菠菜捞到冷水中冷却，这样可以去除菠菜的涩味，口感更鲜脆。

b

把菠菜从根部整理整齐，菜叶朝下，双手竖着握住菠菜，轻轻挤出水分。注意把控力道，用力过大会损坏菠菜的原有风味。

菠菜拌紫菜

加入紫菜，普普通通的菠菜会变得香气四溢。这道菜的关键在于临食用前再把各种配料拌匀。

材料（2~3 人份）

菠菜
…（小）1 把（200g）
盐…半小匙
烤紫菜片…1 整片
酱油
… ⅓至半大匙

1. 基础处理

菠菜根部切入十字切口，入水浸泡 10 分钟后清洗干净（参照 p.86 小贴士）。将烤紫菜片放入塑料袋中，从袋子上部开始搓揉，将紫菜揉成碎片。

2. 焯菠菜

锅里放入足量水（约 8 杯），煮沸腾后先加盐，再放入半份左右的菠菜，开锅后继续焯烫 15~20 秒，然后捞到冷水中冷却。按照同样的方法焯烫剩下的菠菜，最后挤干菠菜中的水分。

3. 拌制

菠菜挤干水分后，切成 3cm 长放入碗中，加入揉碎的紫菜片和酱油拌匀即可。

水菜

水菜是日本料理中的常用蔬菜之一，叶柄细白，绿叶呈锯齿状，性温和，可以生吃。处理起来比较简单，随手切断就可以轻松享受到切丝蔬菜的脆嫩口感。

小贴士：

入水浸泡后更加脆嫩

水菜的魅力就在于它脆嫩的口感。食用前先入水浸泡，能使其更加脆嫩。最好切开后再浸泡，因为切口多，能够更快地吸收水分。

水菜拌油炸豆腐

烹饪时间 20 分钟

嫩脆的水菜和煎得酥香的油炸豆腐拌在一起。脆嫩的口感和醇香使这道简单的拌菜一下子变得美味无比。

材料（2 人份）

水菜…100g

油炸豆腐…2 片

茗荷…2 个

酱油调味汁

酱油调味汁：
- 色拉油…2 大匙
- 醋…1 大匙
- 酱油…1 大匙

1. 煎油炸豆腐

将油炸豆腐放入平底锅中，中火煎3~4 分钟左右，煎出金黄色后，上下翻动，把另一面也煎出金黄色（下图）。熄火，将油炸豆腐取出，放置在厨用纸巾上冷却。

2. 处理蔬菜

水菜切除根部，切成 3~4cm 长。茗荷先竖着对切成两半，再纵向切成薄片。把水菜和茗荷一起放入冷水中浸泡 5 分钟（参照本页小贴士），沥干水分。

3. 拌制

把冷却后的油炸豆腐横切成两半，再切成 3~4mm 宽的细条放入碗中，然后加入沥干水分的水菜和茗荷，搅拌均匀后盛到盘中，浇上调配好的酱油调味汁即可。

油炸豆腐本身已含有油分，所以不用放油直接入锅煎烤即可。

1人份
410
千卡

烹饪时间
15
分钟

水菜金枪鱼拌面

就近取材就能轻松做出的沙拉风味拌面。水菜脆嫩，挂面充分汲取了金枪鱼的鲜美海味，清淡可口。

材料（2~3人份）

水菜…60g
挂面…3把（150g）
金枪鱼（罐头或油浸）…（小）1罐（80g）
茗荷…2个
绿紫苏…6片
辣油…少许
冷面汁…半杯

备注：可以选用市面上贩售的即食冷面汁，也可以自己制作冷面汁。制作冷面汁的方法也比较简单，将一片5cm见方的海带放入锅中，加入2杯多水，小火煮。沸腾后，加入甜料酒和酱油，各加4大匙。再次开锅后加入10g鲣鱼片，先用中火煮开，再改为小火继续煮2~3分钟。过滤出汤汁，稍加散热后放入冰箱冷却（约2杯分量）。

1. 处理蔬菜

水菜切除根部，切成3~4cm长。茗荷纵向对切成两半，沿着纤维方向切成薄片。把绿紫苏中间的叶梗去掉，纵切成两半后再切成细丝。把上述切好的食材放入冷水中浸泡3分钟（参照p.88），沥干水分。

2. 混合金枪鱼和冷面汁

将金枪鱼罐头连鱼带汤汁一起倒入盆中，用叉背碾碎金枪鱼（下图），然后依序加入辣油、冷面汁，充分搅拌均匀。

3. 煮面条、拌面

大锅中倒入足量水（约2升），沸腾后放入挂面，根据包装袋上的说明煮面。将煮熟的面条捞到滤网上，放入冷水中稍加冷却，然后在流水下揉搓冲洗。待面条彻底沥干水分后，放入步骤2的盆中，充分混合搅拌。最后加入步骤1中处理好的蔬菜，稍加搅拌即可。

用叉子的背面粗略碾碎金枪鱼块。罐头汁里的油分不仅能使挂面散开不粘连，而且会使拌面的香味更浓郁。

豆芽

豆芽是绿豆等豆类的种子在遮光下培育出的可食用芽菜。豆芽的保存期比较短，最好尽快食用完。烹制豆芽时务必要注意保持其脆爽的口感。

小贴士：

将豆芽放入足量的水中，轻轻搅拌清洗，这样不会折损细嫩的芽茎，而且口感会更加脆爽。用手一部分一部分地把豆芽捞到滤筐中，捡出沉淀下来的豆皮和折断的细须（豆芽最前端尖细的部分）。

豆芽猪肉汉堡饼

1人份 330 千卡

烹饪时间 20 分钟

豆芽比肉多的可爱汉堡肉饼。大酱和生姜味道浓郁，无需再加入调料汁调味。

材料（2人份）

豆芽…1袋（250g）

猪肉馅…200g

淀粉…1大匙

A
- 大酱…2大匙
- 酒…1大匙
- 姜（擦成姜泥）…1小匙
- 胡椒…少许

色拉油…半大匙

西红柿…1个

备注：猪肉馅尽量选用瘦肉多的。

1. 基础处理

豆芽下水清洗后沥干水分（参照本页小贴士），放入碗中，裹上淀粉。

2. 制作汉堡肉饼

把猪肉馅放入盆中，加入混合调料A，用手充分揉和，然后加入豆芽继续揉和（下图），充分揉和均匀后分成4等份。用水沾湿双手，把馅料揉捏成4个椭圆形的肉饼。

3. 煎肉饼

平底锅中倒入色拉油，中火烧热，把揉捏好的肉饼排放在锅内煎烤3分钟，盖上锅盖，稍稍调小炉火继续煎3分钟左右，然后上下翻动，再次盖上锅盖，把另一面也煎烤3分钟。盛到盘中，添附上切成月牙形的西红柿块。

用手握住豆芽，一边折断豆芽一边揉和，揉至豆芽变成2~3cm长，并且和肉馅融为一体就可以了。

凉拌豆芽

豆芽焯烫后加调料拌制而成。清淡的豆芽混合香油的浓郁、胡椒和辣椒粉的辛辣，味美爽口。

材料（2人份）

豆芽…1袋（250g）
盐…¼小匙
醋…1小匙
香油…1大匙
A
- 盐…⅕小匙
- 胡椒…少许
- 辣椒粉…少许
- 白芝麻…少许

1. 基础处理

豆芽下水清洗后沥干水分（参照p.90小贴士）。

2. 焯豆芽

锅里倒入足量水（约8杯），沸腾后倒入盐和醋，放入豆芽稍加搅拌，再次沸腾后继续焯烫1分钟，捞到滤筐中沥水冷却。

3. 拌制

把沥干水分的豆芽放入碗中，均匀淋上香油，再依序加入A中所示调料拌匀即可。

1人份 80千卡　烹饪时间 20分钟

中式豆芽炒牛肉

中国风味的炒菜。豆芽清脆爽口，牛肉柔软浓郁，口感和味道的鲜明对比成就了这道菜的美味。

材料（2人份）

豆芽…1袋（250g）
牛肉片…150g
淀粉…1大匙
A
- 酒…1大匙
- 砂糖…半大匙
- 酱油…2大匙
- 胡椒…少许

色拉油…适量

1. 基础处理

豆芽下水清洗后沥干水分（参照p.90小贴士）。牛肉片裹上淀粉。

2. 炒豆芽

平底锅中倒入半大匙色拉油，中火烧热，放入豆芽，改为大火快速爆炒。熄火，盛出待用。

3. 与牛肉合炒

平底锅用纸巾擦拭干净，倒入1大匙色拉油，中火烧热，放入裹上淀粉的牛肉片搅散翻炒。待肉片变色后，依序加入A所示各种调料，翻炒均匀。最后把步骤2中炒好的豆芽倒入锅内，快速翻炒均匀即可。

1人份 370千卡　烹饪时间 10分钟

生菜

叶片抱合成球状的结球生菜，叶面平滑、水嫩，清脆爽口，是一种经典的生食蔬菜，但做熟吃也别有一番风味。

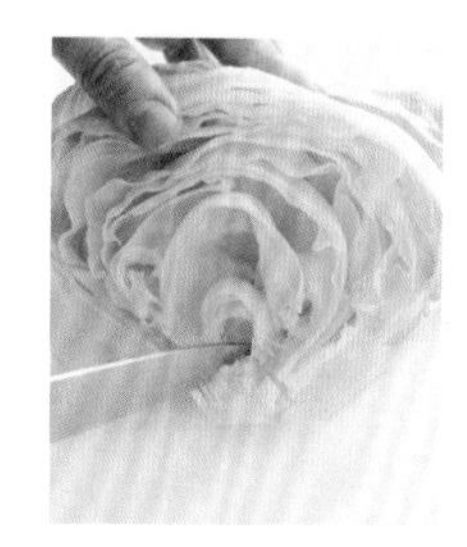

小贴士：

切除菜芯

将生菜根部朝上放置在案板上，一切两半，然后以V字形刀法切除中间的菜芯。

金合欢沙拉

水灵挺括的生菜叶包裹着松软的蛋黄，蛋黄像是盛开的金合欢般点缀着这道优雅的沙拉，令人赏心悦目。

材料（2人份）

生菜…半个（200g）

火腿…3片

鸡蛋…1个

法式沙拉调味汁

（参看 p.55）…3大匙

备注：鸡蛋煮熟后冷却至常温状态。

烹饪时间 15 分钟

1. 鸡蛋的处理

取一个鸡蛋放入小锅中，加入水，添加至基本漫过鸡蛋的深度，用稍强的中火加热。开锅后调为中火继续煮10分钟左右，然后捞到水中冷却。凉至常温后剥去蛋壳，分离蛋黄和蛋白。蛋白先纵向切成细条后再切成小碎块，蛋黄借助滤网碾成碎末（图a）。

2. 其他准备工作

生菜去芯（参照本页小贴士），手撕成适宜入口的大小（图b），放入冷水中浸泡5分钟左右使其更加清脆，然后沥去水分再用毛巾吸干水分。火腿切成2cm大小的薄片。

a

选一个网眼比较小的滤网，放入蛋黄，用勺子背面碾压，使其通过网眼漏到下面的盘子里。

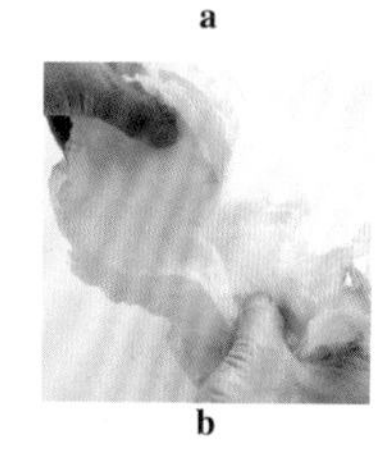

b

把3~4片生菜重叠在一起，先撕成大块，再撕成适宜入口的大小。手撕的生菜裂口呈锯齿状，更容易入味。

3. 装盘

将生菜和火腿混合后盛到盘中，再放上蛋白和蛋黄。注意，食用前再浇上法式沙拉调味汁，搅拌均匀。

生菜牛肉沙拉

一道有质有量的美味沙拉。生菜清脆，牛肉嫩滑，生菜的清淡中和了牛肉的油腻，出人意外地爽口和开胃。

材料（2人份）
生菜…半个（200g）
牛肉片…200g
色拉油…1 大匙
盐…半小匙
胡椒…少许

1. 基础处理
生菜去芯（参照 p.92 小贴士），纵向对切为两半，再切成 2cm 宽的叶片。放入冷水中浸泡5分钟使其更加清脆，取出控水，再用毛巾吸干水分。

2. 炒牛肉
平底锅中倒入色拉油，中火烧热，放入牛肉改为大火搅散翻炒。待肉片变色后，撒上盐、胡椒，快速翻炒。

3. 拌制
趁热把炒好的牛肉放入盛有生菜的碗中，稍加搅拌即可。

辣酱油炒生菜

这是一道简单的快手小炒。中途盖上锅盖稍微一焖，生菜很快就能变软。

材料（2人份）
生菜…半个（200g）
色拉油… ⅔大匙
辣酱油…1.5~2 大匙

1. 基础处理
生菜去芯（参照 p.92 小贴士），切面朝下放在案板上，横竖各切一刀，然后剥离成一片片。

2. 炒
平底锅中倒入色拉油，中火烧热，加入生菜大火爆炒几下，然后盖上锅盖，调成稍弱的中火焖 1 分钟。

3. 调味
待生菜变软后，掀开锅盖，将辣酱油转圈均匀浇在生菜上，调至大火快速翻炒几下即可。

烹饪时间
5
分钟

莲藕

莲藕是莲的地下根茎，纤维粗大，微甜而脆。因为富含淀粉，加热后会变得软糯。莲藕可生吃也可熟食，还可制成藕粉等，不同的做法带来不同的口感。

小贴士：

水洗后吸干水分

莲藕切开后用水稍加清洗，冲洗掉表面的淀粉，然后用干净的厨用毛巾包住吸干表面的水分。尤其是采用炒、炸等用油烹制的料理方式时，务必将水分吸干，这样可以防止油花四溅。

香煎藕片

莲藕带皮煎烤得外焦里脆，不管热吃还是凉吃都非常美味。

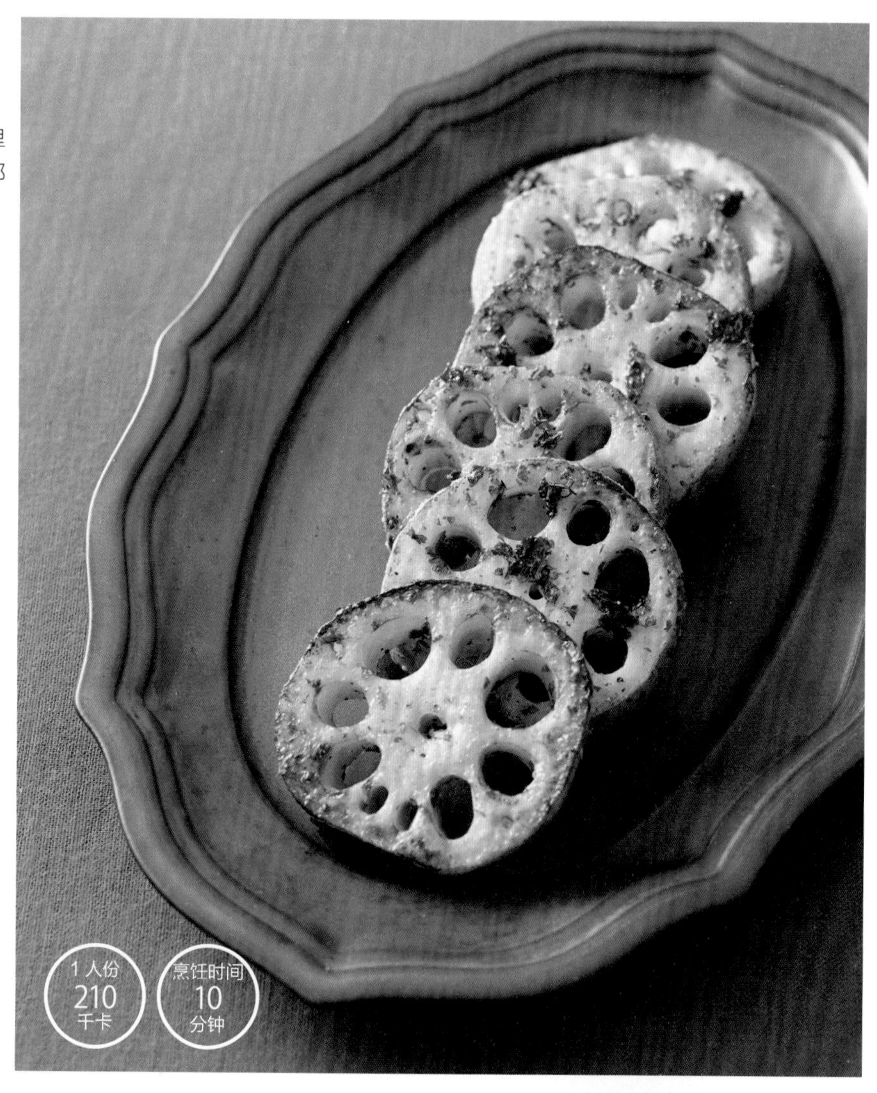

1人份 210千卡

烹饪时间 10分钟

材料（2人份）

莲藕…1节（300g）

橄榄油…2大匙

A
- 盐…¼小匙
- 胡椒…少许
- 香菜末…1大匙
- 醋…1大匙

1. 基础处理

莲藕洗净，带皮切成1cm厚的圆片，用水冲洗后吸干水分（参照本页小贴士）。

2. 煎

平底锅中加入橄榄油，中火烧热，将藕片排放在锅内煎2~3分钟，待底面煎出焦黄色后，翻过来继续煎烤另一面2~3分钟。

3. 调味

藕片两面都煎出金黄色后，熄火，依序加入A中所示各种配料（右图），让每一片莲藕都裹满调料。

醋与热油混合后，会散发出类似调料汁的味道。

酱炒莲藕肉末

盖锅炒熟的莲藕软糯甘甜，又融合了大酱的浓香，非常适合搭配米饭一起吃。

材料（2 人份）

莲藕…1 节（300g）
猪肉末…100g
色拉油…半大匙
大酱…2 大匙
A ┌ 酒…2 大匙
  │ 水…3 大匙
  └ 砂糖…半大匙
七香粉…少许

1. 基础处理

莲藕削皮，竖切成 4 等份，然后再切成一口大小的滚刀块，用水冲洗后吸干水分（参照 p.94 小贴士）。

2. 炒

平底锅内倒入色拉油，中火烧热，放入肉末搅散翻炒。待肉末变色后，放入藕块翻炒。炒至藕块好似透明后，放入大酱翻炒，最后再依次加入 A 所示调料翻炒均匀。

3. 装盘

盖好锅盖，改为小火焖 2~3 分钟，待汤汁基本收干后盛到盘中，撒上七香粉即可。

烹饪时间
15
分钟

甜醋拌藕片

藕片清脆，味道酸甜，不失为餐桌上一道亮眼的开胃小菜。

材料（2 人份）

莲藕…半节（150g）
红辣椒…半个
A ┌ 醋…4 大匙
  │ 水…2 大匙
  │ 砂糖…1 大匙
  └ 盐…⅙小匙
B ┌ 醋…1 小匙
  └ 盐…少许

烹饪时间
10
分钟

1. 基础处理

莲藕削皮，竖着对切成两半，再切成 5mm 厚的半月形藕片，用清水冲洗后吸干水分（参照 p.94 小贴士）。红辣椒剔除种子，横切成 5mm 宽的辣椒圈。把 A 所示各种调料放入大碗中，再放入切好的辣椒充分混合搅拌（甜醋）。

2. 焯藕

锅内倒入水（约 8 杯），沸腾后先放入调料 B，再放入藕片搅拌一下。再次沸腾后，调为中火继续煮 1~2 分钟，焯烫至藕片好似透明后，用漏勺捞出沥干水分。

3. 加甜醋

趁着藕片温热的时候倒入调配好的甜醋搅拌均匀，过一段时间搅拌几下，半小时后基本就能入味了。

莲藕烧卖

莲藕擦成泥，与肉末混合后放到藕片上，再盖上烧卖皮，用平底锅就能轻松蒸熟。一口咬下去，底层清脆，中间软糯，上层筋道，妙不可言。

材料（2人份）

莲藕…1节（300g）
鸡肉末…150g

A
- 葱末…2大匙
- 姜汁…少许
- 酒…1大匙
- 盐…¼小匙
- 胡椒…少许

烧卖皮…12片
淀粉…少许
芥末酱…少许
醋・酱油…各适量

备注：选用直径约6cm的莲藕。

1人份 290 千卡

烹饪时间 30 分钟

1. 基础处理

莲藕切6片1cm厚的圆片，用水冲洗后吸干水分（参照p.94小贴士）。剩余的莲藕用擦菜器擦成藕泥。

2. 拌馅

碗中放入鸡肉末，加入混合调料A，再把藕泥连带汁水一并倒入碗中，用手充分揉均匀，然后分成6等份。

3. 造型

烧卖皮切成3~4mm宽的细条，用手散开。藕片上先撒上淀粉，再放上步骤2中拌好的肉馅，整理成圆顶形状（图a）。最后，圆顶肉馅上再覆盖上烧卖皮（图b）。

4. 蒸

将莲藕烧卖排放在平底锅中，注入半杯左右水（图c）。盖上锅盖，中火加热，开锅后转小火蒸15分钟左右。盛放到盘中，烧卖顶上点上芥末酱，搭配上一碟酱油醋，醋和酱油的比例可以根据个人喜好配比。

a

把肉馅放到藕片上，然后用手指轻轻按压，整理出圆顶造型。藕孔中不塞入肉馅也无妨。

b

把烧卖皮覆盖到肉馅上。不用一片片展开，捏起一撮轻轻放上就行，也不用按压。

c

把烧卖摆放进平底锅后再加水，添加到几乎漫过底层藕片的深度为止。

炸藕盒

香酥的面衣里面包裹着脆中带糯的莲藕，莲藕里夹着香香的肉馅。一口咬下去，可以体会到多种味道和口感，妙不可言的享受令人回味悠长。推荐当作下酒菜或便当的配菜。

材料（2人份）

莲藕…（小）1节（200g）

鸡肉末…150g

A
- 葱末…2大匙
- 酒…1大匙
- 盐…1/5小匙
- 姜汁…少许

小麦粉…适量

蛋液…适量

生面包粉…适量

色拉油…适量

备注：选用直径6~7cm、藕节长8cm左右的莲藕。

1人份 380 千卡　烹饪时间 25 分钟

1. 基础处理

莲藕切成5~6mm厚的圆片，共需12片，用水冲洗后吸干水分（参照p.94小贴士）。碗中放入鸡肉馅、混合调料A、1大匙水，用手反复揉，待肉馅黏成一团后，分成6等份（馅料）。

2. 做藕盒

藕片上先撒上一层薄薄的小麦粉，再放上半份馅料，另取一片藕片夹住馅料（右图），这就是藕盒的雏形。把初步做好的藕盒先裹上小麦粉，再沾满蛋液，最后再裹上生面包粉就最终完成了。按照同样的方法做好其他藕盒。

3. 炸藕盒

平底锅内倒入色拉油，直到平底锅深度的一半位置，中火烧热至170度。放入藕盒炸2~3分钟，翻面后继续炸2~3分钟，炸至藕盒两面酥脆。捞出控油后盛放到盘中，也可以根据个人喜好将藕盒一切两半。

藕片上先撒上一层薄薄的小麦粉，再放上馅料，另取一片藕片，把裹有小麦粉的一面朝下夹住馅料，轻轻按压一下。

备注：170度油温的判断标准是将长筷子先用水沾湿再擦干，然后放进油锅中，如果筷子周围有细小的油泡产生就说明油温已达到170度左右。

冬葱

冬葱通常被当作为菜肴添色加香的佐料，比普通的大葱性温，没有什么禁忌，任何人都可以食用，所以推荐做菜时多多添加。在拉面或米饭中加点冬葱的话，外观和味道会有很大的提升。

小贴士：

仔细清洗根部

将冬葱的根部浸入足量的水中，来回摆动。这样，根部的泥土轻轻一搓就能洗掉。

冬葱豆腐乌冬面

1人份 390 千卡　烹饪时间 20 分钟

翠绿的冬葱、酥脆的油炸豆腐、香醇的白芝麻共同成就了这碗色香味俱佳的乌冬面。

材料（2人份）

冬葱…2~3 根

油炸豆腐…1 片

冷冻乌冬面…2 团（400g）

白芝麻…1 大匙

冷面汁（参看 p.89）…1 杯

1. 煎豆腐

将油炸豆腐放入平底锅中，中火煎烤 3~4 分钟，底面煎出金黄色后，上下翻面，把另一面也煎烤 3~4 分钟，直至煎出金黄色，取出冷却。

2. 准备配料

冬葱切成 2~3mm 宽的葱圈。白芝麻切碎（参照 p.104）。冷却后的油炸豆腐纵向对切成两半，再切成 5mm 宽的细条。

3. 煮乌冬面

大锅中添加足量的水（约 2 升），沸腾后放入乌冬面，乌冬面不用解冻直接放入即可。乌冬面煮散开后来回搅拌几下，再次开锅后，熄火，用笊篱捞出面条，浸入冷水中冷却，最后彻底滤干水分。

4. 装盘

把乌冬面盛入碗中，浇上冷面汁，铺上冬葱和油炸豆腐，再撒上芝麻碎。

冬葱烤饭

1 人份 440 千卡　烹饪时间 20 分钟

外焦里软，一口下去，冬葱和芝麻的香味弥漫口舌之间。推荐当作茶点或下酒菜。

材料（2 人份）

冬葱…100g
温米饭…300g
鸡蛋…1 个
鲣节…1 袋（5g）
酱油…2 大匙
白芝麻…2 大匙
香油…适量

1. 基础处理

冬葱切成 2~3mm 宽的葱圈。鸡蛋磕入碗中，打成蛋液。

2. 混拌

碗中盛入热米饭，稍加冷却，手上沾点水，轻抓米饭，来回抓握 4~5 下，把米饭抓散开。然后放入冬葱，浇上蛋液，放入鲣节、酱油、芝麻等，充分搅拌均匀。

3. 煎烤

平底锅内倒入 2 小匙香油，中火烧热，倒入步骤 2 中混拌好的米饭并用锅铲摊平。用稍弱的中火煎 5~6 分钟后，整体翻面，沿着锅沿转圈均匀淋上 1 小匙香油（右图），然后用锅铲按压着米饭继续煎烤 5~6 分钟，直至煎烤得酥脆。盛出放在菜板上，分切成易食用的大小再盛放到盘中。

米饭翻面后，沿着锅沿转圈浇上香油，煎烤出来的米饭更香更酥脆。

第二部分

学会切菜

蔬菜采用不同的切法，会带来不同的口感，烹饪方式也会有所差异。无论是不擅厨艺的初学者还是自己摸索创新的厨艺爱好者，都要反复练习基本刀工，打好基础才能早日成长为料理达人。

轮切

萝卜、胡萝卜、莲藕、甘薯、茄子、西红柿等圆柱形或球形蔬菜一般要切成圆片。厚圆片适合炖煮，薄圆片适合做沙拉或凉拌菜。

蔬菜横放，菜刀垂直放在蔬菜上，直上直下地切，蔬菜的切断面呈圆形。

半月切

切面呈半圆形状。适合这种切法的蔬菜的种类和烹饪方式与轮切相同，只是比轮切出来的蔬菜更容易熟透，从而节省烹饪时间。半月切有两种刀法，可以自由选择。

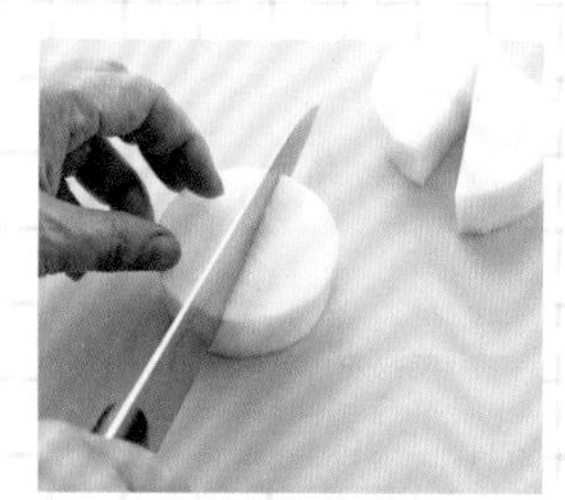

◎从轮切开始

先将食材切成圆片，切面朝上放置，再对切成两半。

◎先纵向对切

先把圆柱形或球形食材纵向对切成两半，然后切面朝下横放在案板上，从一端开始直上直下地切。

月牙切

洋葱、番茄、芜菁、卷心菜、南瓜、竹笋等球形或圆锥形蔬菜可以呈放射状切开，侧面看上去就像一弯月牙。这种刀法适合炖煮或炒制。

先将食材竖切成两半，切面朝下放置在案板上，一开始放平刀身从食材底部慢慢往顶部以放射状切开，或者直接直上直下地切也可。

滚切

胡萝卜、萝卜、莲藕、甘薯、茄子、牛蒡等圆柱形蔬菜可以采用一边转动食材一边斜着切开的方式。这样，切面相对较大，比较容易吸热，节省烹饪时间，而且有一定的厚度，更利于保持食材原有的口感。这种刀法适用于炖煮或炒食。

将食材横放在案板上，从一端开始斜切一刀，然后将食材朝自己方向转动90度，继续斜切，就这样边滚动食材边斜切。虽然切出来的形状是不规则的，但也要注意大小厚薄均一。

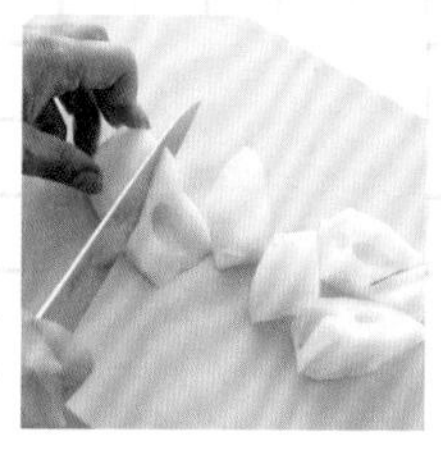

莲藕、萝卜等直径较粗的蔬菜，可以先纵向切成4等份，再滚切成小块，这样方便食用。

切薄片

很多蔬菜都可以采用从一端开始切成薄片的方式。即便是同一种蔬菜，切片时的角度和方向不同，口感和受热快慢也会有所不同。这种刀法适用范围广，最常用于沙拉、凉拌等生吃蔬菜的场合，也可用于炒菜、煲汤、炖煮等。

◎沿纤维方向

蔬菜顺应纤维方向纵向放置，从一端开始将其切成薄片。因为有纤维残留，所以口感清脆。

◎先纵向对切

顺应纤维方向横向放置，从一端开始将其切成薄片。因为切断了纤维，所以比较柔软，易熟。

斜切

牛蒡、萝卜、黄瓜、葱、茄子等细长的蔬菜可以斜着切。这样，纤维的切断面积比较大，所以口感更佳。斜着厚切适合炖煮，斜着薄切适合做沙拉或凉拌菜。

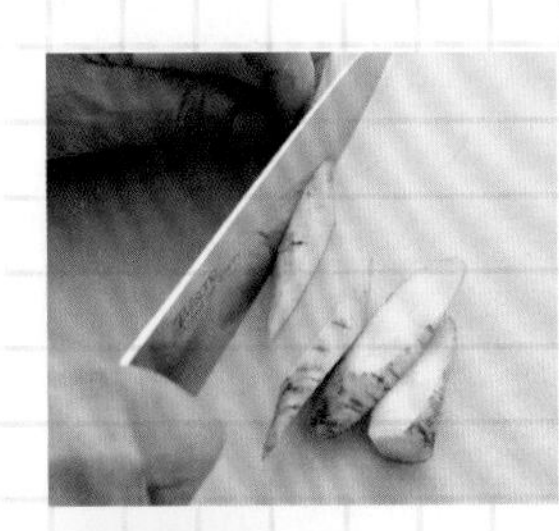

◎厚度适中

将食材斜放在菜板上，从一端开始保持一定的间隔和角度斜着切。根据做菜的实际需要切成合适的厚度，长度一般切成适宜入口的大小。

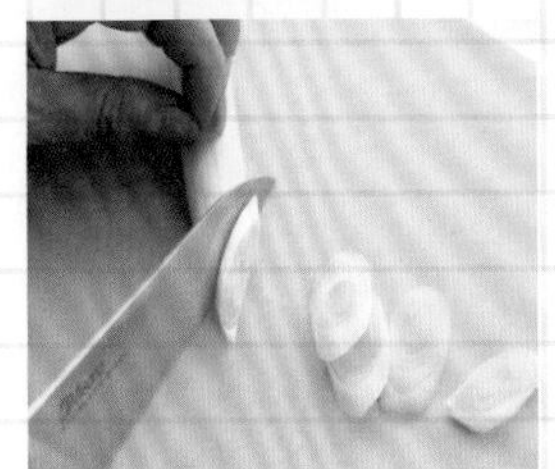

◎斜切薄片

将食材斜放在菜板上，从一端开始保持一定角度切成薄片。

切 1cm 见方的小块

西红柿、洋葱、萝卜、胡萝卜、茄子、黄瓜等有一定厚度的食材，可以切成 1cm 见方的小块，适用于做沙拉、煲汤、炖煮等烹饪方式。

西红柿去蒂，纵向对切成两半，切面朝下放置在案板上，从一端开始每隔 1cm 切一刀，旋转 90 度，再每隔 1cm 切一刀。比较长的食材可以先切成段，再按照此方法切成 1cm 见方的小块。

Q 如何判断纤维方向?

A 胡萝卜等根茎类蔬菜、叶菜类蔬菜，从根到叶的连线就是纤维的方向。果实类蔬菜的纤维方向则是从蒂到顶端的线条方向。洋葱、芹菜等蔬菜的纤维方向就是表面可看见的菜筋的方向。蔬菜沿着纤维方向切，口感较硬；直角切断纤维，口感较软；斜切的话，口感介于软硬之间。

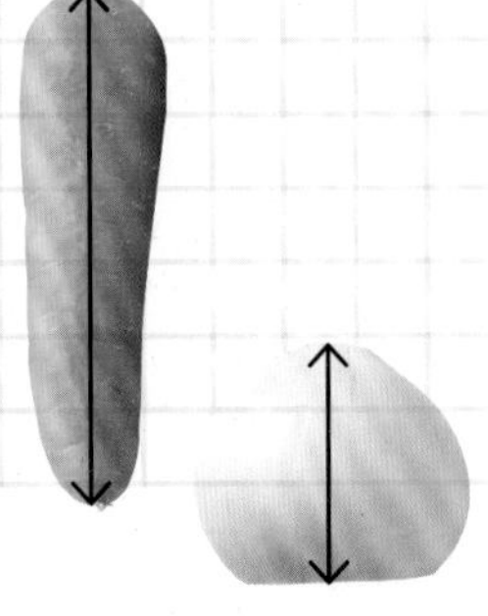

切丝

蔬菜切成细丝，方便食用也易熟。若菜谱上没有明确注明菜丝的宽度，一般尽量切成 1~2mm 宽的细丝。蔬菜种类、烹饪方式不同，切丝的刀法也不尽相同。蔬菜切丝适用于炒制、沙拉、拌菜、烩菜等烹饪方式。

[卷心菜]

先纵向切成 4~6 等份，去除菜芯，外侧的大叶片和内侧的小叶片大致分开，不管是外侧的叶片还是内侧的叶片，都要里侧朝下横放在案板上，用手按住。

紧紧压住菜叶，从前端开始用菜刀直上直下地将其切成细丝。可以放慢速度，尽量切得细一些。保持一定节奏，几乎是同一个地方连续切两刀，这样就能切得非常细了。

[卷心菜]

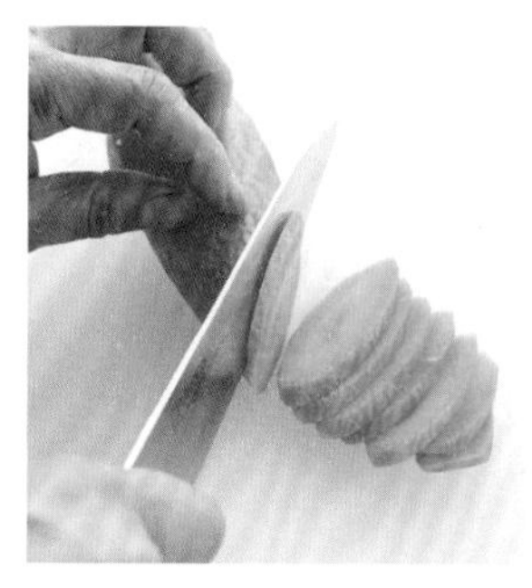

胡萝卜斜放在案板上，从头开始斜切成薄片。

把 3~4 片胡萝卜片叠放在一起，纵向切成细丝。注意不要叠加得太厚，以免切不动也切不整齐。

青椒

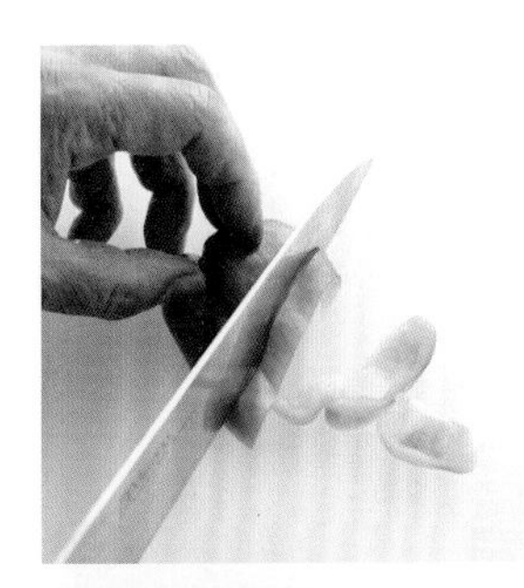

◎斜切

先把青椒竖着切成两半，摘除蒂和种子，切口向下斜放在案板上，从前端开始切成细丝。斜切比纵切口感更软，又比横切有嚼头。这种切法适用于炒食。

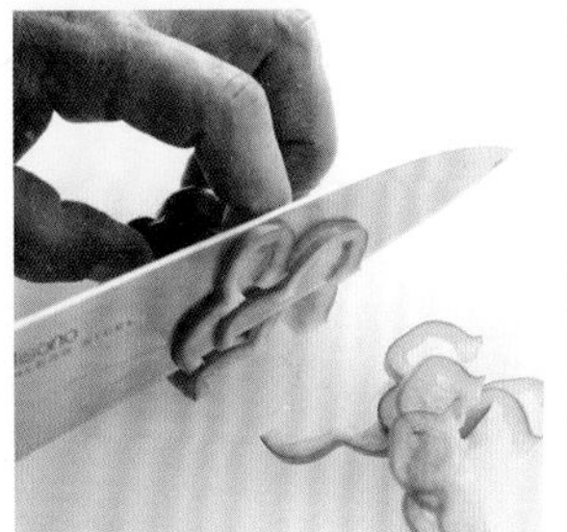

◎横切

先把青椒竖着切成两半，去掉蒂和种子，切口向下横放在案板上，菜刀与纤维方向垂直，直上直下地切成细丝。这样切，青椒丝受热即软，适用于凉拌菜或餐盘装饰。

葱

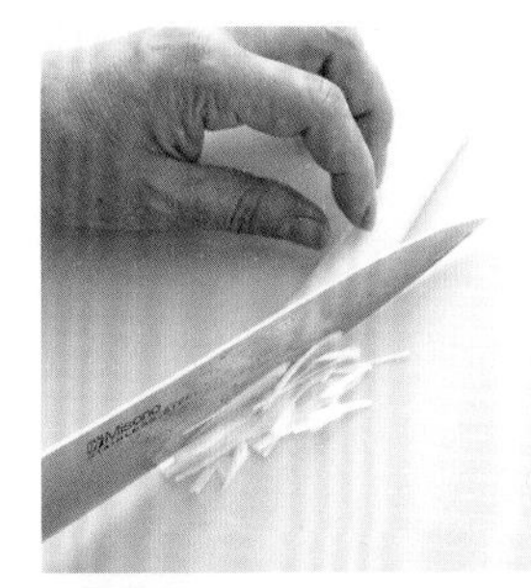

◎斜切

先纵向对切，再斜着切成细丝。初学者也能轻松搞定，而且很容易变软，可用作佐料或拌菜。

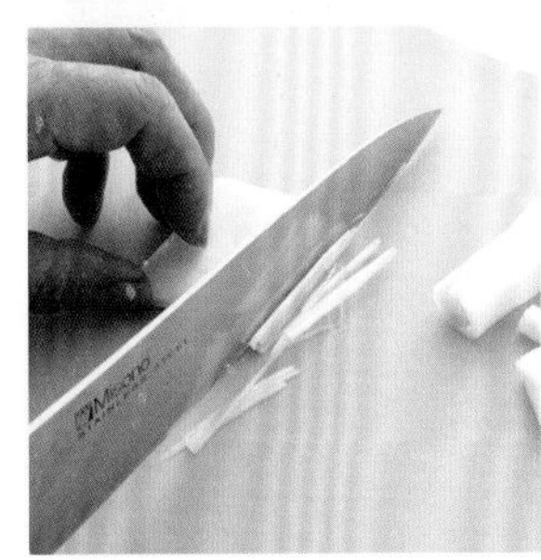

◎纵切

把葱切成4~5cm长，纵向划一刀，取出葱芯，然后内侧朝下展开放置在案板上，沿着纤维方向切成细丝。取出的葱芯可以先竖着切成薄片再切成细丝，也可以从一端开始横切成小圆片，用来做味增汤的配料。

生姜

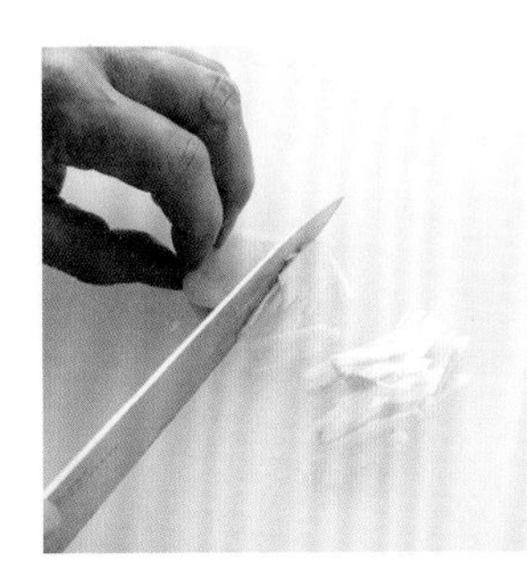

生姜去皮，以切断纤维的方式切成薄片，再3~4片叠加在一起，切成姜丝。

绿紫苏

先切除粗大的叶梗，再纵向对切或切成4~6等份。叶片叠加在一起横向放置在菜板上，从一端开始切成细丝。

Q 对害怕动刀的初学者们来说，保证安全的关键是什么？

A 还没用惯菜刀的初学者们不要着急，慢慢地、集中精力学习切菜技巧。首先，扶菜的那只手的手指要蜷起来，不要碰到刀刃。其次，注意不要把菜板放在洗碗池的角上或其他不平稳的地方，一定要放在平坦、稳固的料理台上。另外，在菜板下面铺一块湿布也能起到加固作用。

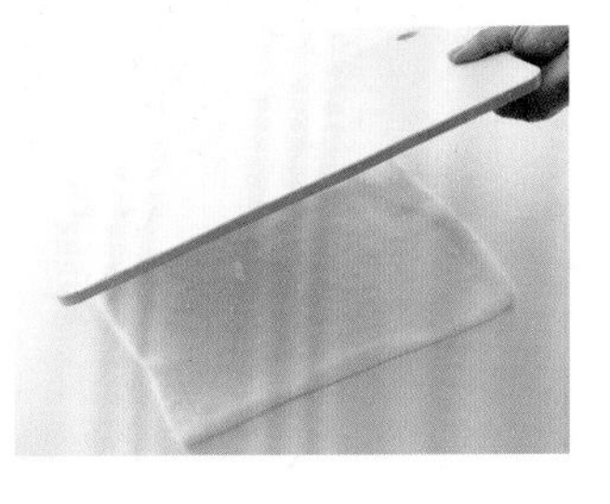

切末

切末就是把蔬菜切得细碎，切得稍大一些就是“粗末”。掌握各种蔬菜的正确切末方法，可以圆满高效地完成切菜工作。这种刀法适用于制作汉堡的馅料、炒菜、炖煮，或者是制作佐料。

[洋葱]

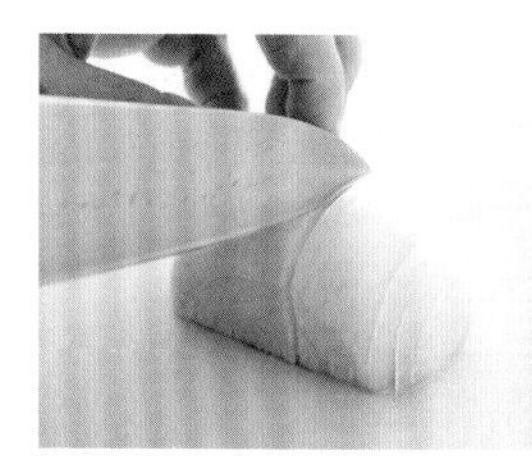

洋葱竖着对切成两半，切面朝下，菜芯对着自己放在案板上，沿纤维方向从一端开始间隔很小地一刀刀切下，但不要从头至尾彻底切断，靠近洋葱芯的部分是连在一起的。

转动洋葱 90 度，沿纤维方向横放在案板上，从一端开始一刀刀细切。可以用手按压住洋葱，以免洋葱片从切口处四散分开导致不好下刀也切不整齐。

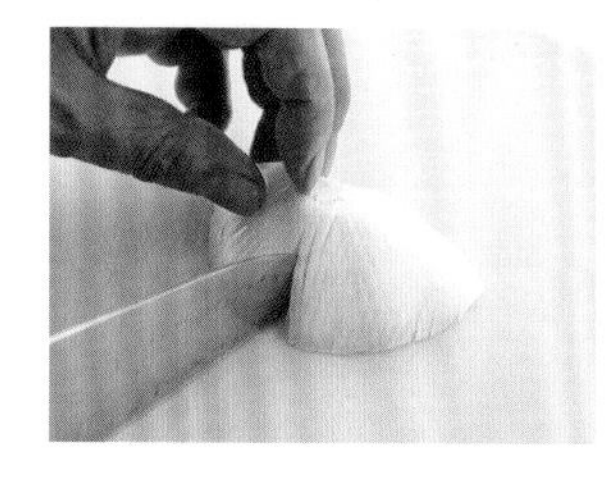

靠近洋葱芯连在一起的剩余部分，先顺着纤维方向间隔很小地细切，同样不彻底切断，葱芯处连在一起，然后 90 度转动，从一端开始一刀刀细切成碎末。

[蒜]

蒜瓣竖着对切成两半，去除蒜芯，切面朝下，芯部朝向自己放置在案板上，沿纤维方向从一端开始一刀刀切下，但不彻底切断，顶端是连在一起的。

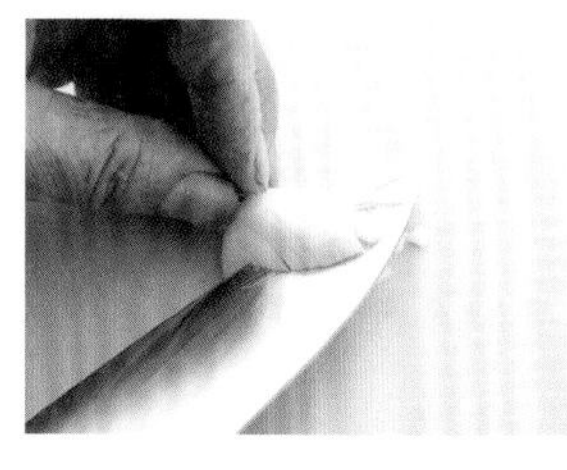

转动蒜瓣，沿纤维方向横放，水平剖分 3~4 刀，也是不彻底切断。

然后从前端开始细切成碎末。

Q 切芝麻时，要逐粒切吗?

A 菜刀切过的芝麻称为“刀切芝麻”。切碎的芝麻香味更浓，又比碾碎的芝麻更有嚼头儿。切的时候是把芝麻堆在一起切，而不是一粒粒地切。菜板上可以铺一张带纹路的厨用纸巾，这样芝麻不会四散崩开，切起来更方便。一只手轻轻按住刀尖背部，另一只手握住刀柄轻轻移动，来回切 20~30 下即可。

[葱]

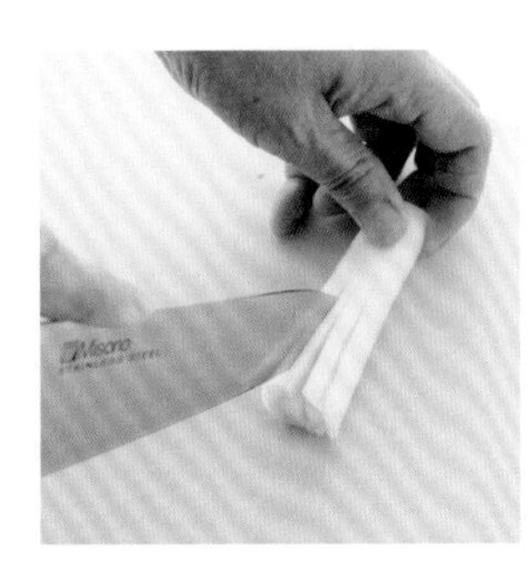

一手捏住葱的一端，一手拿刀沿纤维方向保持3~4mm的间隔一刀刀切下。

码齐有切口的部分，从前端开始细切。切成5~6mm宽的话，就可以称为粗末了。

[生姜]

生姜去皮，先轮切成薄片，再叠加在一起切成姜丝。把姜丝码齐横放，从前端开始切成碎末。

[香菜]

把四散的叶片码成一束，用手按住，从叶片前端开始细切成碎末。

横切

黄瓜、韭菜、细葱等细长的蔬菜可以从一端开始横向切开。常切成薄片或切碎，适用于拌菜、炒食，或用作佐料等。

[黄瓜]

黄瓜横放在案板上，先切除头部，再横着切成薄片。这样就切断了纤维，易熟。

[韭菜]

韭菜码整齐横放在案板上，从前端开始横向细切。这样切，韭菜比较容易和其他食材融为一体，也更出味。

图书在版编目（CIP）数据

好好吃菜 /（日）高木初江著；胡环译 . -- 青岛：
青岛出版社，2017.10
ISBN 978-7-5552-5301-3

Ⅰ . ①好… Ⅱ . ①高… ②胡… Ⅲ . ①蔬菜—菜谱
Ⅳ . ① TS972.123

中国版本图书馆 CIP 数据核字 (2017) 第 206599 号

书　　名　好好吃菜
著　　者　（日）高木初江
监　　修　（日）大庭英子
译　　者　胡　环
出版发行　青岛出版社
社　　址　青岛市海尔路 182 号（266061）
本社网址　http://www.qdpub.com
邮购电话　13335059110　0532–85814750（传真）0532– 68068026
责任编辑　杨成舜　刘　冰
封面设计　祝玉华
内文设计　刘　欣　时　潇　刘　涛　张　明
印　　刷　青 岛 浩 鑫 彩 印 有 限 公 司
出版日期　2017 年 11 月第 1 版　2017 年 11 月第 1 次印刷
开　　本　16 开（787mm × 1092mm）
印　　张　7.25
字　　数　70 千
图　　数　383
印　　数　1 – 6000
书　　号　ISBN 978–7–5552–5301–3
定　　价　39.00 元

编校印装质量、盗版监督服务电话　4006532017　0532–68068638
建议陈列类别：美食